Manufacturing Consent

原発事故汚染水をめぐる「合意の捏造」

牧内 昇平

Manufacturing Consent

原発事故汚染水をめぐる「合意の捏造」

目次

物書きユニット「ウネリウネラ」公式サイト　https://uneriunera.com
mail　uneriunera@gmail.com

【はじめに】ある朝突然、テレビから…

２０２２年12月半ばのある日、福島市内の自宅に帰るとパートナーのウネラがこう言った。

「今朝初めて見た、あのＣＭ。民放の情報番組を見てたら急に入ってきた。ギョッとしちゃったよ」

「で、中身はどうだったの?」と筆者。

「どうもこうもないよ。『みんなで知ろう。考えよう。』なんて言ってさ。海に捨てるっていう結論を押しつけたいだけでしょ!」

憤慨するパートナーにうなずきながら、筆者は口を「へ」の字に曲げることしかできなかった。

２０１１年3月11日、東京電力福島第一原発で事故が起きた。その後、放射性物質を含む「汚染水」が発生し続け、日本政府は陸上のタンクに保管し切れないと判断。事故から10年がたった２０２１年4月13日、こうした汚染水を多核種除去設備（ＡＬＰＳ）で処理した上で海に捨てる方針を決めた。本来であれば濃度がどんなに低くても放射性物質を海に捨てるのはよくない。しかも、ほかの選択肢が全くないというわけでもない。反対する人が多いのは当たり前である。その反対の声を強引に押し流してしまおうというのが、日本政府（特に原子力政策を担当する経済産業省）の考えだった。なりふり構わぬ海洋放出ＰＲがついにスタートしたわけだ。

【はじめに】ある朝突然、テレビから…

ウネラの怒りに押されてフットワークが重い筆者も調べはじめた。22年12月12日、東京・霞ケ関。経産省の記者クラブに一通のプレスリリースが入った。リリースを出したのは資源エネルギー庁の原発事故収束対応室。福島第一原発の廃炉や汚染水処理を担当する部署だ。リリースにはこう書いてあった。

ＡＬＰＳ処理水について全国規模でテレビＣＭ、新聞広告、ＷＥＢ広告などの広報を実施します。

この中でお茶の間に与える影響がいちばん大きいのはテレビＣＭだろう。どんなＣＭが流れているのか。経産省のポータルサイトからユーチューブ動画で見ることができた。こんな内容だった。

――キャンパスで学ぶ大学生や料理中の初老のカップル、子育て中の若い夫婦らが、「ＡＬＰＳ処理水って何？」などと問いかける。それに対して誰だか分からない〝天の声〟のようなナレーションが、「国は安全基準を十分に満たした上で海洋放出する方針です」と答える。ＣＭの最後、〝天の声〟は一連の海洋放出ＰＲの決めぜりふをささやく。

みんなで知ろう。考えよう。ＡＬＰＳ処理水のこと。

筆者は思わず叫んでいた。「これじゃまるで、海洋放出プロパガンダじゃないか！」

「プロパガンダ」というよりも「合意の捏造」

プロパガンダ【propaganda】宣伝。特に、主義・思想の宣伝。（広辞苑第七版）

アメリカで「現代広告業界の生みの親」と評され、ナチス・ドイツの広報・宣伝活動にも影響を与えたとされるエドワード・バーネイズ（１８９１～１９９５）は、著書で「プロパガンダ」という言葉をこう定義する。

現代におけるプロパガンダとは、「大衆と、大企業や政治思想や社会グループとの関係に影響を及ぼす出来事を作り出すために行われる、首尾一貫した、継続的な活動」のことである。（中略）プロパガンダは、大衆を知らないうちに指導者の思っているとおりに誘導する技術なのだ

（バーネイズ著、中田安彦訳『プロパガンダ教本』）

「指導者の思っているとおりに誘導する」という意味では今回政府が行っている海洋放出ＰＲは国家的プロパガンダに他ならない。こんなやり方で政策が進められるのはとてもよくない。ものの本を読み進めていくうちに、さらにしっくりくる表現が見つかった。

【はじめに】ある朝突然、テレビから…

「合意の捏造」である。

言語学者であり、政治やジャーナリズムの批評家でもあるノーム・チョムスキーの著書によれば米国の有名なジャーナリスト、ウォルター・リップマンの言葉だ。

リップマンによれば、民主主義には「合意の捏造」と呼ばれる新たな技があるという。（中略）合意を捏造することによって、形式上多くの人々が選挙権を持つという事実を克服することができる、と彼は言う。その事実は合意を作りだすことによって無効にすることができ、たとえ形式的な参加ができても人々の選択や態度を自分たちの言った通りにしてしまうことが可能となる。かくして適正に機能する民主主義が作り出されるのであり、それはプロパガンダ産業の教訓を適用した結果なのである。

（チョムスキー著、本橋哲也訳『メディアとプロパガンダ』）

チョムスキーが「適正に機能する民主主義」と書いているのはもちろん皮肉だ。政治権力とマスメディア、PR業界による「合意の捏造」が民主主義を無効化する。広告業界のリーダー、知識人、社会の指導層の言説を分析し、チョムスキーはこう言い切った。

彼らはだいたいにおいて（忠実な引用ではなくやや言いかえればだが）一般大衆が「無知で小うるさい邪魔者だ」と言っていることがわかる。やつらはあまりに愚かなので公共の場から締めだしておくことが必要で、やつらが公的なことに口を出すとろくなことにならない。やつらの仕事は「観客」でいることで「参加者」となることではない、というわけだ。

（チョムスキー著、同）

チョムスキーの言葉は汚染水の海洋放出をめぐって私たちが置かれた状況と重なる。テレビCMで「海洋放出は必要、ALPS処理水は安全」というイメージを大衆に刷り込み、高校では自分たちに不都合なことは一切伝えない出張授業を行い、水産業者を懐柔するための海の幸PRイベントを大量に開催し……。本来であれば日本政府は海洋放出の問題点も含めて議論を尽くし、「本当の合意」を目指していくべきだ。しかし、政府はそうしたことに取り組まず、反対に国民を議論の場から締め出して、金を湯水のごとく使ったプロパガンダで「偽物の合意」をでっち上げようとしている。マスメディアはそうした政府の企みを指摘せず、むしろ政府と一体化して捏造された合意を国じゅうに広めている。

こんなやり方がまかり通ってしまっては、民主主義はクラゲみたいに骨抜きになってしまう。「海洋放出はYESかNOか」と問われれば、筆者自身は迷わず「NO」と答える。しかし海洋放出という「結果」と同じくらい深刻なのが、合意の捏造という「プロセス」ではないかとも思っている。言い換えれば、海洋放出そのものには「YES」と言う人たちも、この政府、経産省のやり方には「NO」を突きつけるべきだ。本書はこういった問題意識で書く。汚染水の海洋放出をめぐって政府（中心は経産省）がやってきたことが実際に「合意の捏造」と言うべきものなのかどうか。本書を読んだ皆さんにジャッジしていただきたい。

【はじめに】ある朝突然、テレビから…

※本書の大半は海洋放出が始まる直前の２０２３年春から夏にかけて書いた。当時の状況や筆者の考えを現在進行形で記述している。

※申し遅れました。筆者はしがないフリーライター。パートナーと「ウネリウネラ」という物書きユニットを組み、同じ名前のウェブサイトを開設しています。筆者がウネリ、パートナーがウネラです。

【Chapter1】　政府テレビCMへの違和感

海洋放出直前の2022年12月、「ALPS処理水って何？」で始まるCMが全国で一斉に放送された。誰が仕組んだものなのか？

・・・・・・・・・・・・・・・・・・・・・・・・

東京に住む筆者の友人はこう言った。

「あのCM、おれも見たよ。正直言って原発事故のことって、おれの中ではもう『終わったこと』になっていた。でも、あのCMで思い出したっていうのはあったな」。

でも、そのあとの感想は出てこない。汚染水をどうすべきか、政府の方針をどう思うか、そういう話にはならなかった。つまり、「思い出した」けれど、「考える」ところまでは至っていないのだ。思い出させるけど、考えさせず、政府のやろうとしていることを「まあ、しょうがないんじゃない？」と思わせる。この友人に限って言えば、テレビCMは一定の効果を上げたと言わざるを得ない。

CMの内容を具体的に見てみよう。映像とナレーションを再現してみた（表1）。

カット	ナレーション
	ALPS処理水って何？
	本当に安全？
	なぜ処分が必要なんだろう？
	海に流して大丈夫？
	ALPS 処理水について国は、
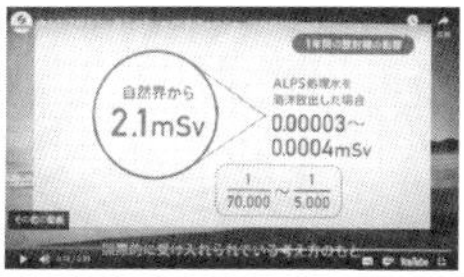	科学的な根拠に基づいて、情報を発信。国際的に受け入れられている
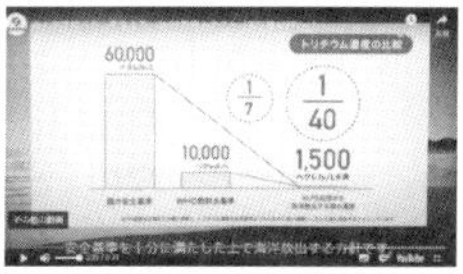	考え方のもと、安全基準を十分に満たした上で海洋放出する方針です。
	みんなで知ろう。 考えよう。 ALPS 処理水のこと。

（表１）

読者の皆さんはどんな感想を持っただろうか。筆者はパートナーのウネラと一緒に運営しているウェブサイト「ウネリウネラ」でこの内容を紹介。読者の感想を募った。その一部を紹介する。

・ペンネーム「抗子」さんの感想

放射性物質はなくなったのでしょうか？　本日朝9時ごろ、ワイドショーの合間にテレビコマーシャルが入りました。アルプス処理水は問題ない、こんなに減る、とグラフで説明していました。専門的数値はよくわかりません。放射性物質ゼロを望んではいけないのでしょうか？　皆にCMで刷り込まれることに脅威を感じます。世界的問題です。

・ペンネーム「ｐｅｎｇｕｉｎ　ｓｔｅｐ」さんの感想

ちょうどテレビでＡＬＰＳ水のＣＭを見ました。美しい映像で、海洋放出に害はないことを強調していました。事件や事故の加害者には謝罪責任、説明責任、再発防止が必要です。原発事故について企業や国が行ったことも同じだと思います。キレイにキラキラ表現で誤魔化しては欲しくないことです。

ＡＬＰＳで処理しても放射性物質はゼロにならない。キラキラ表現でごまかすな。お二人のご意見に共感する。ついでに筆者の感想も書いておこう。以下３点である。

①「考えよう」と言いつつ、答えが出ている

政府ＣＭのキャッチコピーは〈みんなで知ろう。考えよう。〉だ。しかし、「国は安全基準を満たした上で海洋放出します」と言い切っている。これでは本当の意味で「考える」ことはできない。「海洋放出」という答えがすでに用意されているからだ。

わが家で家族会議を開いたとしよう。

「今年の暮れは温泉に行くことに決めた。なぜ私がそう決めたのか、考えなさい」と親が言ったら、子どもたちはなんと言うだろうか？

「なんで勝手に決めた後で考えさせるんだよ。こっちにもどこがいいか考えさせてよ」。

そう言うにちがいない。温泉に行くと決めたあとに「なぜ温泉に行くのか？」と考える人はいない。目的地がまだ決まっていないから、「さあ、どこに行こうか」とあれこれ思案するのだ。本当だったらＣＭは「汚染水をどうすべきだと思いますか？　みんなで考えましょう」と呼びかけるべきだ。もしくは「国は海洋放出する方針ですが、どう思いますか？」などだろうか。

また、考える上では代替案が必要だ。「温泉」のほかに「お城めぐり」という選択肢もあれば、「こっちもいいかな、あっちもいいかな」という話になる。海洋放出にはたくさんの反対意見、代替案があるのに政府ＣＭは一切紹介していない。「考えよう」と呼びかけている政府が自ら、考える機会を奪っていると言える。

②肝心の「原発」や「福島」が出てこない

つぎに具体的な内容を見ていこう。CMの前半は、海洋放出について人びとが問いかけるシーンが四つ続く。ALPS処理水って何？　本当に安全？　なぜ処分が必要なんだろう？　海に流して大丈夫？　それが終わるときれいな砂浜の場面になり、ナレーションが始まる。

ナレーション：

ALPS処理水について国は、科学的な根拠に基づいて、情報を発信。国際的に受け入れられている考え方のもと、安全基準を十分に満たした上で海洋放出する方針です。

ナレーションと同時に画面に映し出されるのは政府が言う「科学的な情報」である。

・自然界からの被ばく量が年間2・1ミリシーベルトなのに対し、ALPS処理水を海洋放出した場合の被ばく量は0・00003〜0・00004ミリシーベルトである。

・ALPSでは除去できないトリチウムについて、WHO（世界保健機関）が定める飲料水基準は1リットルあたり10000ベクレルだが、海洋放出する場合は1リットルあたり1500ベクレルになるように海水で薄める。

「科学的な情報」はこれだけだ。前段の四つの質問に対応していないのが気になるけれど、とにかく情報はこれだけで、最後に青空の映像が入り、〈みんなで知ろう。考えよう。〉というキャッチコピーで終わる。

全体で30秒しかないCMを放送中にすべて理解できる人は少ない。つまりCMの目的は一定のイメージを刷り込むことにある。では、CM中にはどんな場面が描かれているのか。市井の人びとが問いかけるシーンに続いて挿入されるのは、「青い海」と「青い空」。この二つの映像だけである。

「きれいなもの」しか出てこない。不思議だ。放射性物質で汚染された水を海に流すか否かが問われているのに。「きれい」というイメージを植えつけようとしているのではないか？　そういう疑いをもってCMを再び見ると、他のところも気になってくる。

「ナレーションはとても清涼感のある声だなあ」

「使われている音楽もなんだか心地よいものばかり」

そもそも汚染水はなぜ発生しているのか。原発事故が起きたからだ。それなのにこのCMには、問題の発端となる「原発」「放射能」を想起させる映像が一つもない。福島第一原発3号機の水素爆発、山積みになったフレコンバッグ。そういうものは一切出てこない。これでいいのだろうか？

③謝罪の言葉がない

原発事故は誰のせいで起きたのか。原発を動かしていた東京電力だけでなく、国にも責任がある。少なくとも、原発政策を推し進めておきながら安全神話に陥った責任があることは国自身も認めている。それならば、事故をきっかけに生まれた汚染水を海に流す時、真っ先に必要なのは国内外の市民たちへの「謝罪」ではないだろうか。

以上3点がCMを見た筆者の感想だ。

「アニメ篇」「大臣篇」も

ここまで紹介してきたのは「実写篇」で、実は他にも「アニメ篇」と「大臣篇」という動画コンテンツがある。

【アニメ篇】

約30秒の動画。主人公は若い女性記者。福島第一原発を訪れた記者が東電社員（と思われる人物）の説明をノートにメモしながら、ALPSや汚染水が入ったタンク群を見学する。ラストカットで記者は原発越しの太平洋をじっと見つめる。

・筆者の感想

ナレーションが直接そう語るわけではないが、いかにも「原発を取材した記者は海洋放出すべきだと確信した」という印象を残すように作られている。政府とメディアの一体化ぶりを突きつける内容になっていてグロテスクだ。こちらも「実写篇」と同じくテレビで放送されたという。

（アニメ篇）

（大臣篇）

【大臣篇】

経済産業大臣の西村康稔氏が約1分間カメラのほうを向いて話す動画。こちらはインターネット向けでテレビでは放送されていないという。

西村氏：

ＡＬＰＳ処理水について、本当に安全なのか、海に流して大丈夫なのか、さまざまなご意見をいただきます。東京電力福島第一原発の廃炉作業はこれから、より本格化します。これを安全に進めるために、不可欠な施設を建設する場所を確保する必要があります。そのためには、ＡＬＰＳ処理水を処分し、タンクを減らす必要があります。復興を進めるためにも、国際的に受け入れられている考え方のもと、安全基準を十分に満たした上で、ＡＬＰＳ処理水を海洋放出する方針です。「風評」を起こさないためにも、第三者機関のチェックを受け、科学的な根拠に基づいて、安全に関する情報を発信していきます。ぜひご覧ください。

ナレーション：

みんなで知ろう。考えよう。ＡＬＰＳ処理水のこと。経済産業省。

・筆者の感想

「廃炉のために海洋放出が必要」。これが政府のロジックだ。「廃炉作業はこれから本格化」↓

「施設の建設が必要」↓「場所を確保するためにタンクを処分する」。こういう流れだ。廃炉が進んでほしいという思いは多くの人が持っている。だから「廃炉のために」と言われると反論しづらい。でも、少し立ち止まって考えてほしい。

廃炉のプロセスの中で最も難しいのは「燃料デブリの取り出し」だろう。西村氏の説明をすんなり聞くと、大量のタンクがネックになってデブリの取り出しが進まない、という感じにも受け取れる。しかし実際は違う。燃料デブリの取り出しは「タンクがある」から進まないのではない。「難しい」から進んでいないのだ。２号機の原子炉には大量のデブリがある。政府は試験的に少しだけ取り出そうとしているが、それすら実行できていない。予定から数年遅れている。それくらい燃料デブリは危険であり、原子炉内部にはいまだによく分かっていないことが多いのだ。

そもそも「試験的に少し取り出す」と言うが、どれくらい取り出そうとしているのか。「耳かき1杯分」だと言われている。実際にあるデブリの量は合計８８０トンほどだ。どう考えても、デブリの取り出しには数十年スパンで時間がかかる。もしかしたらいつまでも取り出せないかもしれない。

要するに、「廃炉のために」というのは方便だ。敷地内のタンクがいっぱいになってしまった。だから海に捨てたい――。西村氏はとても情けない話をもっともらしく語っているにすぎない。

ちなみに、動画中の西村氏の発言に「風評」という言葉が出てくる。筆者はこの言葉を使いたくないが、誰かがそう話していたり行政の事業名にこの言葉が使われていたりしたら、書き直すわけにはいかない。よって本書ではこの言葉になるべくカギカッコをつけることにする。ご承知おきを。

CMを作ったのは……

こうしたプロパガンダは霞ケ関の官僚たちだけでできる代物ではない。CMを制作し、テレビ局から放送権を買い取り……。後ろには必ず広告のプロがいる。ということで、この事業にいくらかかり、どんな企業が関わっているかを調べてみた。

「多核種除去設備等処理水『風評』影響対策事業」。こういうタイトルのホームページがある。トップページにこう書いてあった。

経済産業省では、ALPS処理水の海洋放出に伴う『風評』影響を最大限抑制し、万一『風評』が生じた場合でも漁業者の方々が安心して事業を継続できる仕組みの構築を目指し、基金を造成しました。

海洋放出方針を決めた2021年度、経産省は「海洋放出に伴う需要対策」という名目で新たな基金を作った。国庫から300億円を投じるという。基金の目的は二つ。①「『風評』影響の抑制」（広報事業）と、②「万が一『風評』の影響で水産物が売れなくなった時に備えての水産業者支援」だ。本当は②が主で、基金を管理するのは農林水産省と関係が深い公益財団法人「水産物安定供給推進機構」である。金の配分は①が約30億円、②が残り270億円。金額は少ないが、一般の人びとへの影響が大きいのは①のほうである。

この広報事業の一つが、テレビCMを含む「ＡＬＰＳ処理水に係る国民理解醸成活動等事業」だった。受注業者を募集するときには公募要領というものをつくる。それによると事業の柱は以下の三つ。

①国内の幅広い人々に対する「プッシュ型の情報発信」
②情報発信のツールとして使用するコンテンツの作成
③ＡＬＰＳ処理水の処分に伴う不安や懸念の払しょくに資するイベントの開催および参加

このうち①が特に重要だろう。「プッシュ型の情報発信」とは、テレビＣＭ、新聞広告、デジタル広告のこと。具体的な指示もついていた。

・テレビスポットＣＭ：全国の地上系放送局において、各エリアで２５００ＧＲＰ以上を取得すること。放送時間帯は全日6時~25時とすること。必ずゾーン内にＯＡすること。放送素材は15秒または30秒を想定。
・新聞記事下広告：全国紙5紙ならびに各都道府県における有力地方紙・ブロック紙の朝刊への広告掲載（5段以上・モノクロ想定）を1回実施すること。
・デジタル広告：国内最大規模のポータルサイトであるＹａｈｏｏ！Ｊａｐａｎを活用し、同社が保有しているデータ、およびアンケート機能を活用したカスタムプランを作成し、トップ面に9500万vimp以上の配信を行うこと。国内最大規模の動画サイトであるYouTubeを活用し、「YouTube Select Core スキッパブル動画広告（ターゲティングなし）」に1250万imp以上の配信を行うこと。

「GRP」とはCMの視聴率。「vimp」「imp」は広告の表示回数を示す指標だ。細かいことは置いておくとして、要するに媒体を選ばず手当たり次第に海洋放出をPRせよ、ということだろう。

2022年7月、基金は請負業者を公募した。どんな審査をしたかは分からないが（情報開示請求中。後述）、翌8月に請負業者が決まる。落札したのは〝泣く子も黙る〟広告代理店最大手、電通だった。

取り組んだら放すな、殺されても放すな、目的完遂までは…。

電通の「中興の祖」とも呼ばれる第4代社長、吉田秀雄氏が作った社訓「鬼十則」の第5条だ。同社の〝度を越した〟ハングリー精神を如実に物語っている。このハングリー精神を武器にして、電通は長きにわたり、広告業界のガリバーとして君臨してきた。自民党を中心として政界とのパイプも太い。新入社員の過労自死が大問題になってもその屋台骨はゆらがず、21年の東京五輪でも利権を握っていたことが指摘されている（その後汚職事件にまで発展）。

そんな電通が海洋放出のCM事業を請け負うのはある程度予想されていたことだろう。なにしろ先ほど紹介した経産省の事業は大規模で幅広く、そんじょそこらの広告代理店では対応できないからだ。

先ほど基金にプールした300億円のうち広報事業に充てる分は30億円ほどだと書いた。テレビCMを含む「国民理解醸成事業」の予算枠は12億円である。広報事業のウェイトの3分の1超を電通1社が占めている。まさに「鬼」の面目躍如と言ったところか……。

二度目の「神話崩壊」にならないために

政府が電通と組んで海洋放出プロパガンダを推し進めようとしている。この状況を黙認していいのだろうか。筆者は地元福島のマスメディアの抵抗に期待したい。県内では海洋放出への反対意見が根強い。〝地元の声〟をバックにすれば、政府・電通の圧力に対抗できるのではないか……。

だが、そうもいかないらしい。県内を網羅する民間のテレビ局は4社ある（福島中央テレビ、福島テレビ、テレビユー福島、福島放送）。そのうちの1社の幹部は筆者の取材にこう答えた。「放送の時間帯などは答えられませんが、テレビCMを流したという事実はあります。うちだけでなく、裏（ライバル）の3社もすべて流したと思いますよ」。他の3社は「CMを流したか」という筆者の質問に対して事実上のノーコメントだったが、少なくとも「放送を拒否した」と答えた社は一つもなかった。

新聞も同様だ。朝日、読売、毎日の全国紙3紙と東北のブロック紙である河北新報、さらには地元の福島民報と福島民友に至るまで、テレビCMと同じタイミングで経産省の〈みんなで知ろう。考えよう。〉

広告を載せた（写真）。ＣＭや広告についてはテレビ局や新聞社が自社で審査しているはずだ。しかしどのテレビも新聞も抵抗せず、政府・電通のプロパガンダを受け入れてしまったようだ。

電通、原発と来たら、どうしても思い起こしてしまうのが「３・11以前」のことだ。

原子力発電は日本のためにも世界のためにも必要なものです。だからこそ念には念を入れて安全の確保のためにこんな努力を重ねています。

１９８８年、通商産業省（現・経産省）は読売新聞にこんな全面広告を出した（電通に次ぐ業界2位の広告代理店、博報堂の営業マンだった本間龍氏の著書『原発広告』からの引用である）。また、その10年前の１９７８年にはこんな広告が載ったこともある。

エネルギー・アレルギー
原子力はすでに身近で使われています。エネルギー不足が予想されるいま正しい知識が必要です。

ヌードの女性が挑発的な眼差しで読者のほうを見ている。非常に問題がある広告だった（この広告は半世紀にわたって反原発運動を続けた福島県楢葉町「宝鏡寺」の住職、故早川篤雄さんらが建てた「ヒロシマ・ナガサキ・ビキニ・フクシマ伝言館」に「負の歴史」として展示されていた）。

１９５０年代以降、日本政府は「原子力の平和利用」をかかげて原発建設を推し進めた。本来的に危険な原発を国民に受け入れさせるために必要とされたのが、電通をはじめとした広告代理店によるプロパガンダだった。この問題の第一人者である本間龍氏の著書から再び引用させてもらう。

> 一見、強制には見えず、さまざまな専門家やタレント、文化人、知識人たちが笑顔で原発の安全性や合理性を語った。原発は豊かな社会を作り、個人の幸せに貢献するモノだという幻想にまみれた広告が繰り返し繰り返し、手を替え品を替え展開された（中略）これら大量の広告は、表向きは国民に原発を知らしめるという目的の他に、その巨額の広告費を受け取るメディアへの、賄賂とも言える性格を持っていた（中略）こうして３・11直前まで、巨大な広告費による呪縛と原子力ムラによる情報監視によって、原発推進勢力は完全にメディアを制圧していた。
> （本間龍著『原発プロパガンダ』）

プロパガンダによって広められた原発安全神話は福島第一原発のメルトダウンによって完全に崩壊した。事故前も安全神話に対する疑問の声はあったが、その少数意見は大量のプロパガンダによって押し流されてしまっていた。

海洋放出についても安全性に疑問を呈する人々はいる。ＡＬＰＳで処理後に大量の海水で薄めると言っても、トリチウムや炭素14などの放射性物質は残るのだから心配になるのは当然だ。過去の反省に基づけば、日本政府が今やるべきことは明らかだ。テレビＣＭで新たな「海洋放出安全神話」を作り出すことではなく、反対派や慎重派の声にじっくり耳を傾けることだろう。

　経産省に提案したい。海洋放出ＰＲに使ったのと同等の予算や放送枠を反対派・慎重派にも与え、テレビＣＭを作ってもらったらどうか。そうすれば汚染水についていろいろな見方があることを国民が知る機会になる。こうして初めて、経産省がかかげる〈みんなで知ろう。考えよう。〉というキャッチコピーは実現に近づく。（反対派にも予算や放送枠を、というアイデアも本間龍氏の著書からの受け売りであることを白状しておく。）

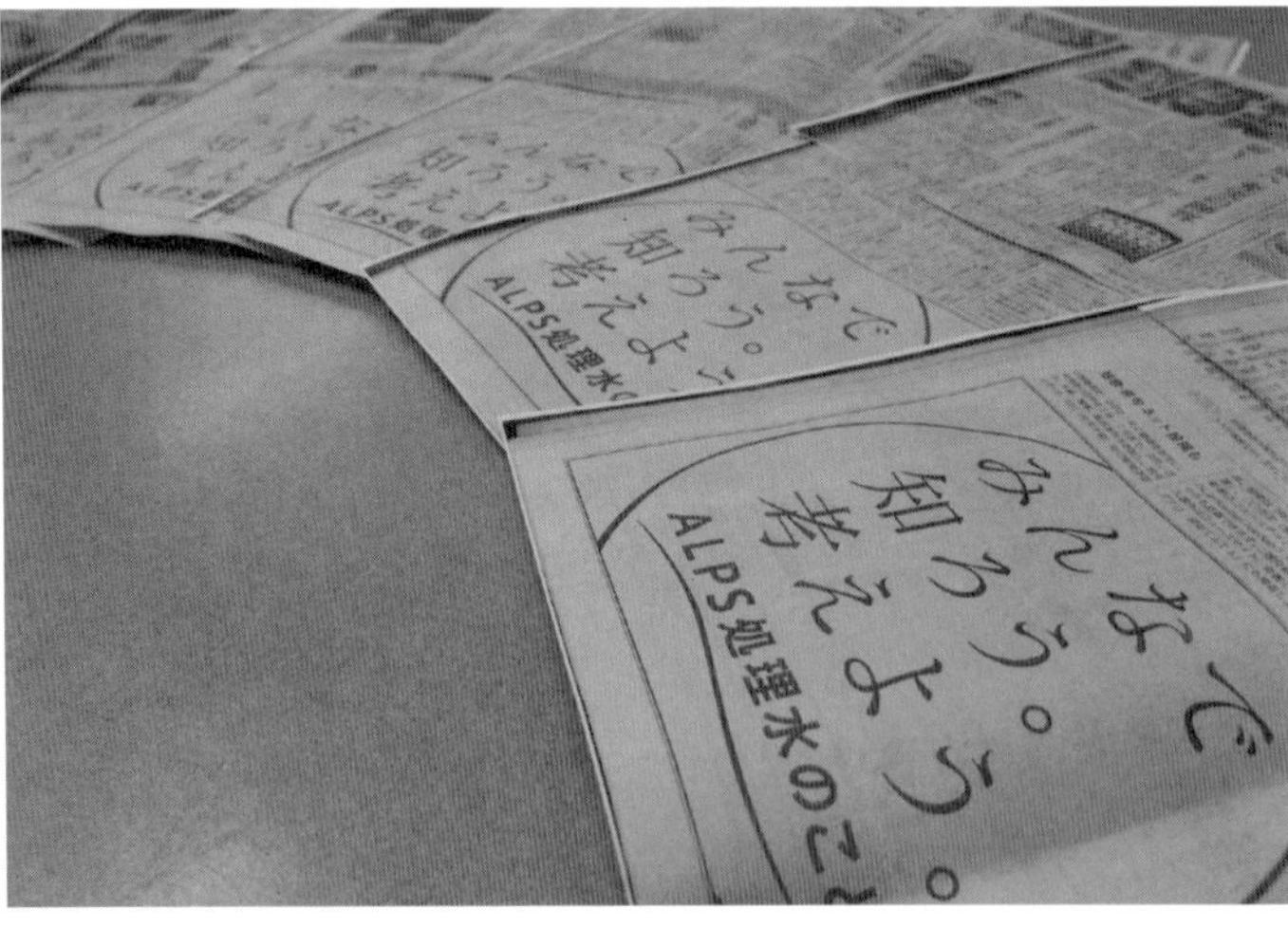

★コラム★　そもそも汚染水とは？

原発は核兵器にも使うウランなどの放射性物質を燃料にして動いている。２０１１年３月、東電福島第一原発の原子炉では燃料棒がドロドロに溶け落ちるメルトダウンが起きた。このきわめて危険なドロドロを燃料デブリといい、これに触れた水が「汚染水」である。

原子炉は冷ましておかなければならず、そのためには「冷却水」が必要だ。したがって「汚染水」はどうしても発生する。さらに１・３・４号機が水素爆発を起こしたことからも分かる通り、福島第一原発の建物は大破している。地下水や雨水がどんどんしみ込んでくる。それらの水が燃料デブリに触れた「汚染水」と混ざると、その水も新たな「汚染水」となる。こうして原発事故由来の汚染水は増え続けている。

日本政府はこう言う。「海洋放出するのは汚染水じゃない。ＡＬＰＳ処理水だ」。政府の定義では、ＡＬＰＳ処理前の水＝「汚染水」、処理後の水＝「ＡＬＰＳ処理水」である。しかし、ＡＬＰＳで処理しても放射性物質が完全に取り除けるわけではない。トリチウムに至っては安全基準すら満たしていない。「大量の海水で薄めるから大丈夫だ」と言うが、海に捨てる「総量」はいくら薄めても同じだ。本当に「影響なし」と言い切れるのか。疑問である。

ネーミングを変えるのは、政府による一種のイメージ戦略にすぎない。そんなものにおいそれと乗るわけにはいかない。だから筆者は処理後の水も「汚染水」と書くことにする。

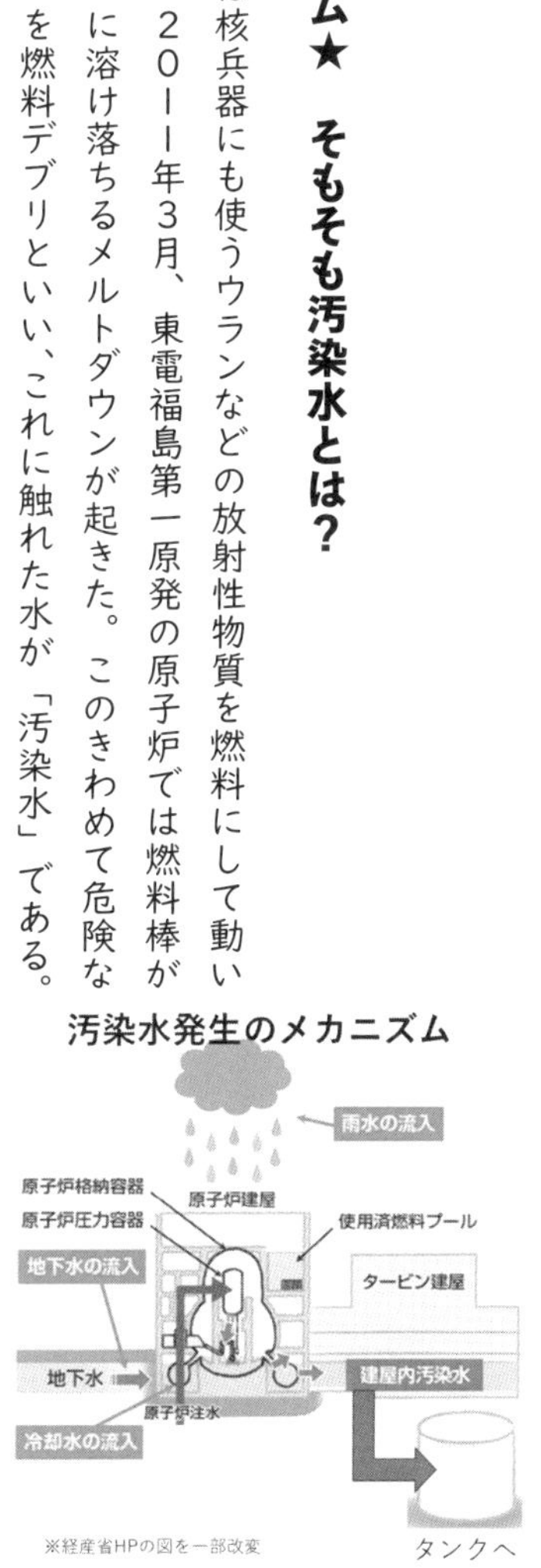

※経産省HPの図を一部改変

テレビCMの他にも看過できない海洋放出PR事業はたくさんあった。代表的な例を紹介しよう。

【Chapter2】 CMだけじゃなかった海洋放出PR事業

・・・・・・・・・・・・・・・・・・・・・・・・

2023年2月18日土曜日のお昼前、春の近さを確信させるような晴天の下、筆者は福島県いわき市の中央卸売市場に向かった。土曜日のため人の姿がほとんどない。中央棟2階の研修室の扉を開けると、食欲をそそる香ばしい匂いが漂ってきた。

「油がはねますから、気をつけてくださいねー」。三角巾にエプロン姿の親子12組24名が見守る中、講師がアンコウを揚げ焼きにしている。続いて薄切りにしたカツオと野菜をフライパンに入れ、バターやポン酢をからめて火を通す。さらにいい香りが部屋じゅうを包み込む。子どもたちがつばを飲む音が聞こえたかと思ったら、ファインダー越しに撮影を試みる筆者自身のつばの音だった……。講師の実演が終わるといよいよ子どもたちの出番である。それぞれの調理台に散らばり、クッキング、スタート！

なぜ筆者が楽しくにぎやかな料理教室を訪れたかと言うと……（37ページに続く）

2022年度に始まった海洋放出PR事業の数々

事業名	予算の上限	落札企業	事業内容（公募時点）
廃炉・汚染水・処理水対策の理解醸成に向けた双方向のコミュニケーション機会創出等支援事業	2500万円	JTB	「理解醸成」を目的とした福島第一原発の視察ツアーを開催。ツアーへの招待者として例示されているのは以下（生産者、加工・流通・卸業者、自治体、民間団体、教育機関、影響力のあるインフルエンサー）。
廃炉・汚染水・処理水対策に係るＣＭ制作放送等事業	4300万円	エフエム福島	ラジオＣＭの制作・放送。公募要領によると「国民目線で分かりやすく福島および近隣県の不安を払拭できるようなラジオCM」。１週間のうち、５～10回の頻度で、数十秒から数分間放送する。
被災地域における水産加工事業者を始めとする関係事業者等に対するALPS処理水の安全性等に関する理解醸成事業	8000万円	ユーメディア	「理解醸成」のための水産業者向けイベント・セミナー。最低３回。・被災地についての「正しい理解」のための消費者ツアー。最低１回。・外部専門家（必要な分野に応じて最低10名程度）を活用し、ＡＬＰＳ処理水の安全性についての「正しい情報」を伝える。
ALPS処理水の処分に伴う福島県及びその近隣県の水産物等の需要対策等事業	2億5千万円	読売新聞東京本社	小売り、流通業者らと連携した物産展や販促キャンペーンの実施。・マスメディアや各種イベントと連携した地元産品の魅力発信。
ALPS処理水に係る国民理解醸成活動等事業	12億円	電通	テレビ、新聞、インターネットの各媒体で広告を発信。
ALPS処理水による風評影響調査事業	5千万円	流通経済研究所	「風評」の影響調査。特に海外の流通業者の買い控えや買いたたきの状況、観光、輸出の動向を調査する。
ALPS処理水並びに福島県及びその近隣県の水産物の安全性等に関する理解醸成に向けた出前食育活動等事業	1億円	博報堂	水産物の安全性に関する「理解醸成」に向けて、福島県や近隣県の小中学生を対象に漁業者らによる出前授業を行う。福島や近隣県の水産物を学校給食用の食材として提供する。
三陸・常磐地域の水産品等の消費拡大等のための枠組みの構築・運営事業	8千万円	ジェイアール東日本企画	三陸・常磐の水産物を企業に売るキャンペーン。社員食堂のメニューや社内で売る弁当、キッチンカーで三陸・常磐ものを使うように促す。
廃炉・汚染水・処理水対策に係る若年層向け理解醸成事業	4400万円	博報堂	「理解醸成」のため、全国の高校生を対象とした出前授業を行う。22年度中に５件程度。・廃炉、汚染水、処理水対策に関心のある高校生が自ら応募し、参加できるイベントを開催する。22年度中に１、２件程度。
福島第一原発の廃炉・汚染水・処理水対策に係る広報コンテンツ制作事業	1950万円	読売広告社	経産省のパンフレット「廃炉の大切な話２０２２」の更新、改良。同じく経産省の冊子「ＨＡＩＲＯ　ＭＩＲＡＩ」をベースにした学生向けパンフレットを作成。印刷部数はそれぞれ８万７千部程度を想定。

「ALPS処理水の海洋放出に伴う需要対策基金事業」のウェブサイトで公開されている情報を基に筆者作成

大手広告代理店の電通がテレビＣＭを作り、２０２２年12月半ばから2週間にわたって全国で放送した。海洋放出には賛否両論あり、特に福島県内では反対意見が根強い。そんな中で政府の言い分のみをＣＭ展開するのは一方的ではないか。これでは政府主導のプロパガンダ（宣伝活動）と言わざるを得ない、と筆者は書いた。

ただし政府が行っている海洋放出ＰＲ事業はこのテレビＣＭにとどまらない。経産省の基金は「風評」影響の抑制を目的とした広報事業に約30億円を充てるという。これが筆者の言うプロパガンダの原資だ（もちろん海洋放出に限定しなければ復興庁などがすでにたくさんのＰＲ事業を行っている。こういうのもプロパガンダと言える）。

どんな事業があるのかを見ておこう。２０２３年2月末現在で基金のホームページに公開されていたＰＲ事業の一覧が29ページの表である。

テレビＣＭだけじゃなくて、実はいろいろやろうとしているわけだ。こうやって多方面から「理解醸成」（という名の刷り込み）を図るところがいかにもプロパガンダだ。本当だったらこれらの事業すべてを掘り下げたい。けれども、そんな余裕はない。目ぼしいところ、特に気になる事業に狙いを絞って調べた。テレビＣＭの次は電通に次ぐ広告代理店大手博報堂が受注した、この事業である。

ＡＬＰＳ処理水並びに福島県及びその近隣県の水産物の安全性等に関する理解醸成に向けた出前食育活動等事業

事業の具体的なイメージを公募要領から書き写しておく。

漁業者団体や地方公共団体の連携の下、小中学生を対象にした「出前食育活動」を実施する。具体的には、小中学生等を対象に、福島県及びその近隣県の水産物の安全性等に関する理解醸成に向けて、漁業者等による出前授業や関連の資料提供・説明等を実施するとともに、そうした理解醸成活動の一環として、福島県及びその近隣県の水産物を学校給食用の食材として提供する。

（傍線は筆者）

この資料を読んで筆者がイメージしたのはこんな場面だった。

ある日の給食の時間。教室のドアをガラガラ―っと開けて、ゴム長靴をはいた漁師たちがやってくる。氷の入った発砲スチロールから自慢の常磐ものを取り出し、「おーい、今朝釣ったヒラメだぞー」と子どもたちに見せる。歓声が上がる。ごつごつした手が魚をさばき、ヒラメのカルパッチョができあがる。「おいしい！」と子どもたち。笑顔の漁師たち。そこでスーツを着た経産省の職員の出番がくる。

「みんなー、福島の魚はおいしいよ！　『汚染水』じゃなくて『ＡＬＰＳ処理水』と呼んでね。海に流しても全く問題ないから気にしないでね！　福島の復興のためには海洋放出が必要だよ。日本政府はいいことをしているんだよ！」――

「福島の親と子をこれ以上苦しめないで」

こういう「出前食育」がスタートしつつあることを知って、とても怒った人がいる。福島県いわき市在住の千葉由美さんだ。

３・１１のとき子育ての真っ最中だった千葉さんは、仲間たちと市民グループ「ＮＰＯはっぴーあいらんど☆ネットワーク」をつくり、被ばくから子どもを守るためにさまざまな活動を続けてきた。たとえば、福島県内のたくさんの子どもたちが小児甲状腺がんを発症している問題がある。小児甲状腺がんはもともと発症数がとても少ない病気だ。そしてヨウ素という放射性物質をのどに取り込むと発症することも分かっている。しかし、それでも福島県は現在のところ、何かと理由をつけて「福島県内の小児甲状腺がんと放射線被ばくとの関連は認められない」と言い続けている。千葉さんたち「はっぴーあいらんど」は福島県の言っていることが本当かを疑い、甲状腺検査のデータを調べたり、県の会議を聞きに行ったりしている。

今回の件が千葉さんの耳に入ったのは、ちょうど筆者が調べはじめた２０２２年12月の頃だった。年をまたいだ23年の2月6日、「はっぴーあいらんど」はオンラインのトークイベントを開いた。

《も〜　我慢できない！　子どもを広告塔にするな！　原発事故の加害側の悪だくみを止めてみせるぞ！》

イベントにはこういうタイトルがついていた。筆者がパソコンのモニターを開くと、千葉さんが怒っていた。

「政府はこれまでも自分たちに都合のいいことを子どもたちに教えてきました。それをマスメディアが取材し、報道する。要するに子どもたちを広告塔に使うということでしょう。子どもを広告塔にする政府の悪だくみは阻止しなければなりません！」

続いて千葉さんが語ったのは、原発事故直後の経験談だった。自分の子を無用な被ばくから守るため、弁当を持たせて学校に通わせた。弁当をつかったのはクラスで千葉さんの子一人だけだった。健康を最優先した決断だったけれど、心理的には我が子につらい思いをさせたのではないか……。

２０１１年のころ、福島県内の放射線量は10年以上たった今とは比べ物にならないくらい高かった。空気中だけでなく、食べ物に含まれる放射性物質の量も深刻なレベルだった。そんな中でも学校は早々に再開し、給食も始まった。親はみんな多かれ少なかれ被ばくへの心配があったと思う。けれど、心配の度合いには濃淡があるし、たとえ心配だったとして、安心な食材で弁当を作る余裕などない家庭も多い。クラスは給食を食べる子どもと弁当をつかう子どもに分かれた。教室内に「分断」が生まれ、多くの場合、弁当の子どもたちが少数派となった。

こうした分断に苦しんできたのが3・11当時の福島の親子たちだ。本来楽しいはずの「学校給食」という場は、多大なる苦悩の場になった。同じようなことが海洋放出をめぐる「食育」についても起きるのではないか。千葉さんの心配、怒りはそういうものだと筆者は察する。たとえばこんなジレンマが子どもたちの中に生じるのではないか。

みんなが「おいしい」と言ってヒラメを平らげている。「汚染水」じゃなくて「ALPS処理水」とノートに書いている。それを見て、ある子は悩む。わたしの家では「汚染水」と呼んでるよ。放射能は危険なはずなのに、汚染水を海に流してからも、どうしてもお魚を食べなきゃダメなの？

「はっぴーあいらんど」のオンラインイベントでは、千葉さんの話のあと、鈴木真理さん（福島県須賀川市在住）がうめくように語った。

「福島の親と子をこれ以上苦しめないでほしいですよ！」

「はっぴーあいらんど」の人たちのすごいところは、愚痴を言うだけじゃなくて（どこかで愚痴を吐くのも大事だけれど）、アクションを起こしたことだ。福島県内にある59市町村の教育委員会に電話をかけた。経産省から出前食育の知らせを受けているか、管内の小中学校で実施するつもりはあるか。かたっぱしから担当者に聞いていった。地道な取材力に脱帽である。トークイベントではその聞き取り結果も披露してくれていた。

それによると、県内の7自治体が事業案内を受け取ったが、一部の教育委員会はすでに「実施しない」と経産省に回答していた。現時点で「出前食育を実施した」と回答した市町村は一つもない、ということだった。

あれ？　いったいどういうことだろう？　筆者の頭にクエスチョンマークが灯った。

出前食育事業はどこへ？

トークイベントが終わり、パソコンの画面を閉じた筆者は腕を組んで考えた。出前食育の事業の期限は3月末である。2月の時点で県内の実施校が一つもないというのはどういうことなのか。これは自分でも調べねばなるまい。

まずは福島市と郡山市の教育委員会に聞いてみた。どちらの担当者も「案内は来ていません」。やはりそうか。次はいわき市だ。市教委の担当者はこう話した。「出前講座の件は昨年秋、市の水産課と県の教育庁と、2つのルートから知らせをもらいました。市長部局とも相談した結果、お断りすることになりました」。断った理由を聞いてみた。「市の学校給食の提供の考え方に合わないと判断したからです。

安心・安全な食材の提供が大原則です。ふだんの給食でさえ、福島県産の食材に対して不安を感じる保護者の方もいます。そういう状況で、海洋放出と関連させて海産物の提供を行ったらどうなるのか。状況は不透明です」と担当者は話した。ちなみにいわき市水産課に問い合わせたところ、「昨年の夏以降、経産省の職員の方と別件で会った時、『実はこんなことも考えているんです』という情報をもらいました。うちは担当ではないのですぐ教育委員会に転送しました」とのことだった。

つぎはこの事業を取り仕切っている側に聞いてみよう。テレビCMや出前食育などの広報事業については「原子力安全研究協会」という公益財団法人が連絡窓口になっている。同協会の担当者に学校給食への出前講座の件を聞くと、「現段階で何件実施しているかなどは把握していません。教育委員会や学校の方からご理解をいただくのが難しい面はあると聞いておりますが…」と奥歯に物が挟まったような言い方である。

もしや「実施ゼロ」で終わるのでは？　確認のため、筆者は経産省（原子力発電所事故収束対応室）の担当者に電話した。

筆者「理解醸成に向けた出前食育事業の件はどうなっていますか？」

経産省「あれはですね。地元産品を使用した料理教室などを行う事業です」

筆者「えっ？　事業の公募要領には〈漁業者による出前授業〉や〈学校給食用の食材として提供〉と書いてありましたよね」

経産省「あれは公募時にあくまで事業の一例として挙げたものです。当初はそういうことも想定していましたが、受注業者（博報堂）などとの話し合いの結果、料理教室を開催する方向になりました」

筆者「いくつかの市町村には案内を出したんですよね」

経産省「経産省からの公式な案内といったものは出していないと認識しています。私自身はそういうことをしていませんが、事業内容を検討している段階で経産省の職員が話題にした、というくらいのことはあるかもしれません」

筆者「……」

「学校給食への食材提供」はいつの間にか「料理教室」に様変わりしていたようだ。参加費無料。保護者と子どもがペアで参加。ただし子どもは小中学生に限定。開催場所は宮城県内の2か所（仙台・利府）といわき市の合計3会場。初日は2月18日土曜日の午前10時半……。

ということで筆者は先日、いわき市中央卸売市場を訪れたのだった。

常磐ものを味わう「だけ」の料理教室

「皆さんはどんなお魚料理が好きですか？」「福島県の常磐ものは東京の築地や豊洲の市場でも新鮮でおいしいと評判ですよ！」

調理の前、料理教室の講師が約20分間のレクチャーを行った。常磐ものの魚の紹介や一般の魚介類に含まれる栄養素の説明が続く。メモをとりながらやっぱりおかしいなと思ったのは、講師の説明の中には「ＡＬＰＳ処理水」や「海洋放出」という言葉が出てこないことだ。調理実習後に説明の時間はないので、参加者が海洋放出について理解を深めるタイミングはここしかない。しかし、そうした話題は一切出てこなかった。念のため参加者たちへの配布物も確認してみた。福島の海産物の魅力の紹介はあっても、「ＡＬＰＳ処理水」や「海洋放出」には触れていない。

このことは事前に経産省（原発事故収束対応室）の担当者からも聞いていた。

経産省の担当者「海洋放出への理解醸成が目的ではありますが、放出に反対の方々にもご参加いただける企画にしたいと考えております。安全ですよと大々的に宣伝するというよりも、常磐もの、三陸ものの魅力自体をご理解いただければと思っています」

筆者「……」

念のため書いておくが、料理教室自体に文句はない。ヒラメの炊き込みごはんやアンコウの沢煮椀、かつおのバターポン酢炒めはおいしそうだった。調理台に立つ子どもたちの目は輝いていた。

とは言っても経産省の皆さん、そもそもこの事業のタイトルは「ＡＬＰＳ処理水並びに福島県及びその近隣県の水産物の安全性等に関する理解醸成に向けた出前食育活動等事業」ではなかったのですか？　安全性への理解を深める内容の料理教室になっていましたか？テレビＣＭでかかげたキャッチフレーズ、〈みんなで知ろう。考えよう。〉の精神はどこへ行ってしまったのですか？

ちなみに、料理教室のほかにもう一つ、「出前食育」の予算枠を使ったイベントがあった。タイトルは「相馬海の幸まつり」（開催は2月25、26日と3月4、5日）。地元の海産物やしらすご飯が振る舞われ、「小中学生限定」でイカの浜焼き体験ができるという。チラシには〈楽しく食育体験！〉と書いてあった。料理教室だけでは予算を消化できなかったのか？　という疑いが脳裏をかすめた。

地元福島の複雑な気持ちが分からない経産省

ここまでの取材結果をまとめよう。

経産省は当初、「食育」の名の下に学校給食を使って海洋放出をＰＲしようと考えた。しかし、いわき市など地元自治体が「実施しない」という意思を表したのも影響したのだろう。その計画は「親子料理教室」へとスライドしていった。料理教室の実施スケジュールは2月18日～3月19日の週末だ。ぎりぎり２０２２年度内に事業を終えた。

もちろん筆者は「もっと子どもたちに海洋放出をＰＲせよ」という意見ではない。ただし、この料理教室にだって公金が使われている。〈ＡＬＰＳ処理水並びに水産物の安全性に関する理解醸成〉とかかげておきながら単なる料理教室では筋が通らない。経産省だってこんな料理教室では「理解醸成」につながらないことは百も承知のはずである。しかし、それでいいとも思っているのだろう。「やってる感」が出せればいいのだ。

２０２１年4月に海洋放出の方針を決めたとき、政府は残る課題は「風評」だとし、対策に力を入れることを国民に約束した。定期的に会議を開いて「風評」対策がどうなっているかをチェックしている。経産省としては、内実はどんなものでもいいから、この会議で「やってる感」を出せればいいのだ。同省のホームページを見ると、「『風評』対策の最近の動向」という資料がアップされていて、その中には今回の料理教室のことも入っていた。

それにしても、今回の「食育」は下手を打った。

原発事故以来、福島県内に住むたくさんの親たち、子たちが学校給食について悩んできた。切ない気持ち、複雑な気持ちを抱えてきた。経産省はそのことの重みを理解していなかったのではないか。西村康稔経産相は平然と「安全の基準を満たしているから流します」と言う。「それで問題がありますか？」という顔だ。しかし、問題は「大あり」なのだ。

そもそも経産省の言う「安全だ」も１００％信用できるものではない（いったい誰が数十年後に海がどうなっているか約束できるのか？）。ただ、百歩譲ってそれは置いておくとしても、「これ以上苦しめないで！」という気持ちが福島の人にはあるのだ。仮に（本当に仮に）、「科学的に見れば大丈夫」というものだったとしても、人間には「気持ち」というものがある。

福島県内の高校の先生がこう言っていたことがある。

「車に乗っていて軽い追突事故に遭ったとします。相手が１００％悪いのに、『あなたの車とてもきれいなんで修理は要らないですね。けがもなさそうですね。じゃあ弁償はしません』と言われたとします。仮に本当に大丈夫そうであっても、ケロッとした顔でそう言われてあなたは納得できますか？　汚染水を海に流すっていう話はそれと一緒なんですよ」

筆者は首がもげそうなほど強くうなずいたものだ。

【Chapter3】あまりにもいいかげんな高校生向け出張授業

筆者が目くじらを立てた海洋放出ＰＲ事業をもう一つご紹介。高校生に対して「刷り込み」を行おうという出張授業だ。マスメディアでは充実した内容のように報じられるけれど、その内実は？

・・・・・・・・・・・・・・・

全国紙Ａ新聞に載った全面広告

マスメディア各社が競って「３・１１報道」に邁進していた２０２３年３月上旬のある日、某全国紙Ａ新聞に見過ごせない全面広告が載った。

〈福島の復興へ　みんなで考えよう　ＡＬＰＳ処理水のこと〉

経済産業省は処理水への理解を深めてもらうため、全国の高校生を対象とした出張授業を開催（中略）処理水放出時に懸念される風評について生徒たちが「自分事」として議論しました。

出たな、と筆者は思った。テレビＣＭ、小中学生向け「出前食育」に続いて、こんどは高校生を対象とした「出張授業」か……。

事業名は「若年層向け理解醸成事業」。授業の講師は経産省職員。予算は約４４００万円。受注したのは出前食育と同じ博報堂だった。この事業は全国の高校を対象としていた。経産省によると、案内を出したところ42の高校が応募し、抽選の結果、２０２３年2月から3月に20校で授業を行ったという。

気になるのは授業の中身だ。新聞広告にはうわべだけしか書いてない。これだと、経産省が何かいいことをしたような印象ばかりになってしまう。新聞広告には〈生徒たちが「自分事」として議論しました〉とあるが、ほんとうはどんな議論が行われたのだろうか。きちんと調べねばなるまい。

筆者は関係者の協力を得て、●▲高校で23年2月に実施された出張授業の記録を入手した。この記録を基にその日の授業の様子を再現する。

海洋放出ＰＲ授業の中身

2月×日の昼下がり。授業は電通がつくったテレビＣＭを流して始まった。教室の中に聞き慣れたナレーションが響く。


ＡＬＰＳ処理水について、国は科学的な根拠に基づいて情報を発信。国際的に受け入れられている考え方のもと、安全基準を十分に満たした上で海洋放出する方針です。みんなで知ろう、考えよう。

ＡＬＰＳ処理水のこと。


動画の停止ボタンを押し、講師役の経産省職員Ｓ氏が話し始めた。

「このＣＭを見たことある方はいますか？　数人いらっしゃいますね。今日はＣＭで説明していることを詳しく伝えます。そのうえで、皆さんが考えるＡＬＰＳ処理水についても、終わった後の発表で聞ければうれしいなと思っています」

Ｓ氏は福島市の出身。高校時代に３・１１を経験したという。

「当時のことは鮮明に覚えています。大学を卒業した後、福島の復興の力になれればと思って経済産業省に入りました」

自己紹介後、Ｓ氏は経産省発行のパンフレットを基に説明を始めた。電源喪失や水素爆発など基本的なこと。廃炉作業の解説…。「除染を進めた結果、今では原発構内の約96％のエリアは一般の作業服で作業できています」。講義の途中で「眠くなる時間かもしれないので」と話し、こんなクイズも入れた。

「燃料デブリはどのくらいあるでしょうか。三択です。一、8トン。二、８８０トン。三、8万8千トン…。答えは二の８８０トンです」

自己紹介や廃炉の話に約20分使った後、Ｓ氏は残り10分で、「本題」のはずのＡＬＰＳ処理水や海洋放出について説明した。

主に話したのは処理水の安全性である。ＡＬＰＳではトリチウムが除去できない。しかし、トリチウムは海水にも雨水にも含まれている。発する放射線（β線）は紙一枚で防ぐことができる。生物濃縮はしない。世界各国の原発でも放出されている…。ＡＬＰＳ処理水が入ったビーカーを人間が持っている写真を紹介し、Ｓ氏はこう語った。

「素手でビーカーを持てるくらい安全なのがＡＬＰＳ処理水です」

海洋放出というのは福島第一原発にたまる汚染水の処分方法の一つにすぎない。大型タンクに入れて長期保管する案や、セメントと混ぜて固めて保管する案もある。政府もいくつかの案を検討してきた。海洋放出の他にどんな選択肢があったのか。数ある選択肢の中で日本政府はどうして「海に捨てる」という判断になったのか。この点はとても重要だ。ところがこの点に関するＳ氏の説明は驚くほど短く、あいまいな内容だった。

「さまざまな意見がありました。そういったことも含めて、今日皆さんと一緒に考えていければと思っています。では、（パンフレットの）次のページを開いてください。ＡＬＰＳ処理水の処分方法というところです。簡単なご紹介まで。皆さんもご存じの通り、ＣＭでも出ている通り、海洋放出に決めたということです。ただ、海洋放出の他にもさまざまな処分方法が検討されたのちに、海洋放出が決定されたということです」

この部分、Ｓ氏の言葉を少しも省略せずに書いている。ほんとうに説明はこれだけだった。

生徒たちとのワークショップ

講義終了後、休憩を挟んで「ワークショップ」なるものが行われた。生徒たちは数人のグループに分かれて20分間話し合い、その後代表者が意見を発表した。1人目の生徒の意見。

「思ったことは…地域の人が処理水のことを知っていても、魚が売れなくなって漁師が困ってしまうということです」

海洋放出へのネガティブな意見。生徒はここで発言を終えようとしたが、教員に促されて「風評」対策についての意見も追加した。

「魚とかを無料で全国に配ったり、著名人に食べてもらったりするのがいいと思いました」

これに対するS氏の返答。

「ありがとうございます。魚がこれからも売れていくためにどうやって魅力を発信していけばいいのか、というところを話していただいたと思います。考えていきたいと思います」

この生徒が本当に話したかったのはそういうことか？　筆者は疑問だが、S氏は次へと進む。続いて発言を促された生徒も骨のあることを言った。

「漁師の方の了承もないまま、海洋放出を政府が勝手に決めるのは、漁師の方の尊厳をなくすのではないでしょうか」

さあS氏はどう答えるかと思ったら、すぐには返答しなかった。

「時間も差し迫っているところなので。発表いただける方は他にいらっしゃいますか」

残り3人の生徒の発言を聞いた後で、この日の「まとめ」といった形で以下のように語った。

「さまざまなご意見をいただきました。比較的厳しい意見も出ました。これは皆さん一人ひとりの考えです。これに『正しい』、『間違っている』というのはないかなと個人的には思っています」

当たり前のことを言った後で、S氏はこう続けた。


「漁業者さんへの関わり方は、もちろん問題としてございます。我々国としても、漁業者の皆さんの尊厳を失わせる、福島の文化を衰退させてしまう、そういうことには絶対なりたくない。なってほしくないと心から思っています。私も福島県人の一人です。子どもの時からずっと相馬の海に釣りに行ってました。福島県の魚が、ありもしない風評の影響で正しく評価されないというのは、自分としても大変心苦しいというか、大変悔しい思いかなと思っています。漁業者さんはもっとそうだと思います。説明会などの機会をいただいていますので、漁業者さんたちに少しでもご理解をいただけるように頑張っていきたいと思っています」


同じ福島県出身であることをアピールし、自らが批判の的になるのは避けた。その上で漁業者の気持ちは共有できるとしつつ、結局は「ご理解いただけるように頑張る」が結論。筆者からすればほとんど意味のない回答だった。

このあとS氏は「福島県の魅力、正しい情報を発信し続けたいと思います。有名人を使ってですとか、

ＳＮＳを使ってというのも、おっしゃる通りかと思っています」などと語り、授業を終えた。「漁師の尊厳を損なう」と指摘した生徒が再び発言する機会はなかった。

不都合な情報はすべてスルー

●▲高校での出張授業はこんな内容だった。筆者がおかしいと思った点をいくつか指摘したい。第一は、前半の講義の中で政府に不都合な情報が一切出てこなかった点だ。

政府は２０１５年、福島県漁業協同組合連合会（福島県漁連）に対して〈関係者の理解なしにはいかなる処分も行わない〉と約束している。漁業者たちの中には海洋放出に反対している人が多く、もしこの状況で強行すれば政府は「約束破り」をしたことになる。地元の新聞も大々的に取り上げているこの「約束」問題について、Ｓ氏はスルーした。反対しているのは漁業者たちだけではない。福島県内の多くの市町村議会が海洋放出に反対したり、慎重な対応を求めたりする意見書を国に提出している。中国や太平洋に浮かぶ島国も放出に賛成していない。こうした問題についても完全にスルーだった。

「福島第一原発の廃炉を進めるためには、ＡＬＰＳ処理水の処分が必要です」。Ｓ氏は一方的に政府の言い分だけ語り、講義を終えた。

生徒との議論はなかった

二つ目は、生徒が発言する機会がとても少なかった点だ。前半の講義が30分。その後休憩を挟んで生徒同士の意見交換が20分。生徒がS氏に発言する時間は十数分しかなかった。

その中でも生徒たちは自分の考えをしっかり語った印象がある。「漁業者の尊厳」発言だけでなく、「なぜ福島に流すのかと思いました」と率直に語る生徒もいた。しかし、生徒とS氏とのやりとりは完全な一方通行だった。せっかく生徒たちが疑問の声を上げたのに、S氏が対話を重ねることはなかった。時間の制約があったのかもしれないが、これでは反対意見を「聞いておいた」だけで、「議論した」ことにはならない。

以上、ここに書いたのはS氏個人への攻撃ではない。S氏は経産省の幹部ではない。講義の内容は事前に役所で決めているはずだ。一方的な出張授業の責任を負うべきは、経産省という組織である。

国会でも問題に

この出張授業は国会でも取り上げられた。3月16日の参議院東日本大震災復興特別委員会。質問したのは岩渕友議員（共産、比例）である。岩渕氏は先ほどの「漁業者の尊厳」発言を紹介し、経産省の片岡宏一郎・福島復興推進グループ長に聞いた。

岩渕氏「高校生のこの声にどう答えたのでしょうか」

片岡氏「専門家による6年以上にわたる検討などを踏まえて海洋放出を行う政府方針を決定した経

緯を説明するとともに、地元をはじめとする漁業者の方々からの風評影響を懸念する声などがある点についても触れまして、風評対策の必要性について問題提起をし、政府の取り組みについても説明したという風に承知してございます」

ここは読者の皆さんに判断してほしい。S氏の講義内容と生徒への返答は先ほど紹介した。片岡氏の答弁にあったような説明を、S氏はしていただろうか？

岩渕氏が次に指摘したのは、漁業者たちとの「約束」問題である。

岩渕氏「これ（約束）がこの問題の大前提ですよね。政府と東京電力が『関係者の理解なしにいかなる処分もしない』と約束していること、漁業者はもちろん海洋放出に対して反対の声があることも伝えるべきではないでしょうか」

片岡氏「説明しているケースもあれば、説明していないケースもあるという風に認識してございます」

岩渕氏「これはさまざまなことの一つではないんです。この問題が大前提で、ちゃんと伝える必要があるんですよ。いかがですか。もう一度」

片岡氏「出前授業は何よりも生徒の皆さんが考える機会として、意見交換の時間なども盛り込んだ形で、学校の意向も踏まえながら実施しているものでございます。必ずしも同じ内容の授業をしているわけではないと考えてございます。そのうえで地元をはじめとして漁業者の方々の風評影響を懸念する声などは説明してございますけれども、必要に応じまして、ご指摘の約束についても触れているところでございます」

経産省の片岡氏は「必要に応じて触れている」と言ったが、少なくとも●▲高校での出張授業では、「約束」は全く紹介されていなかった。

現場は試行錯誤

経産省の出張授業を現場の教員たちはどう受け止めているのだろう。「生徒への影響はどうなんでしょうか」と筆者が聞くと、福島県内にある■○高校の教諭は苦笑しながらこう答えた。

「高校生って素直です。背広を着た経産省の人がわざわざ学校に来てくれて、『海洋放出は必要。風評払拭が大切』と一生懸命に話したら、みんな信じてしまいますよ」

この教諭は「生徒に対して一方的な情報伝達となるものにはブレーキを踏まなければいけない」との考え方のもと、今回の出張授業には応募しなかったという。

一方で、経産省の授業を実施しつつも、政府見解の押しつけに終わらないように知恵を絞った高校もある。

同じ福島県内の別の高校では2022年、2年生のクラスで経産省の授業を行った。しかしその前週には海洋放出に強く反対している同県新地町の漁師を授業に招いた。正反対の意見を聞く機会を生徒たちに与える取り組みだ。筆者は翌23年の2月、この高校の生徒たちに話を聞く機会があった。「安全なら流せばいい。でも政府は国民に対する説明が足りない」「国は都合よく物事を進めている。漁師さんたちと対話していない」「海洋放出に賛成する人と反対する人がいる。意見が異なる人たちが話し合う場がないのが問題だ」

生徒たちの賛否は割れた。しかし、経産省と漁師の双方の話を直接聞いたぶん一人ひとりが自分の頭で考え、悩んでいる印象を持った。

こういった取り組みこそが本当の意味で〈みんなで知ろう。考えよう〉ではないか。経産省の出張授業は一方的すぎるし、そもそもいい加減すぎる。強い違和感を覚える。

★コラム★　本当に安全なの？

政府は八方手を尽くして「海洋放出は安全」というイメージを国民に植えつけようとしている。第3章の出張授業で、経産省の職員が使ったパンフレット「廃炉の大切な話2022」から、安全性についての政府の説明を紹介しよう（図表1参照）。

図表1

「安全」に関する政府の説明

「ALPSと海水希釈で安全基準を満たしている」

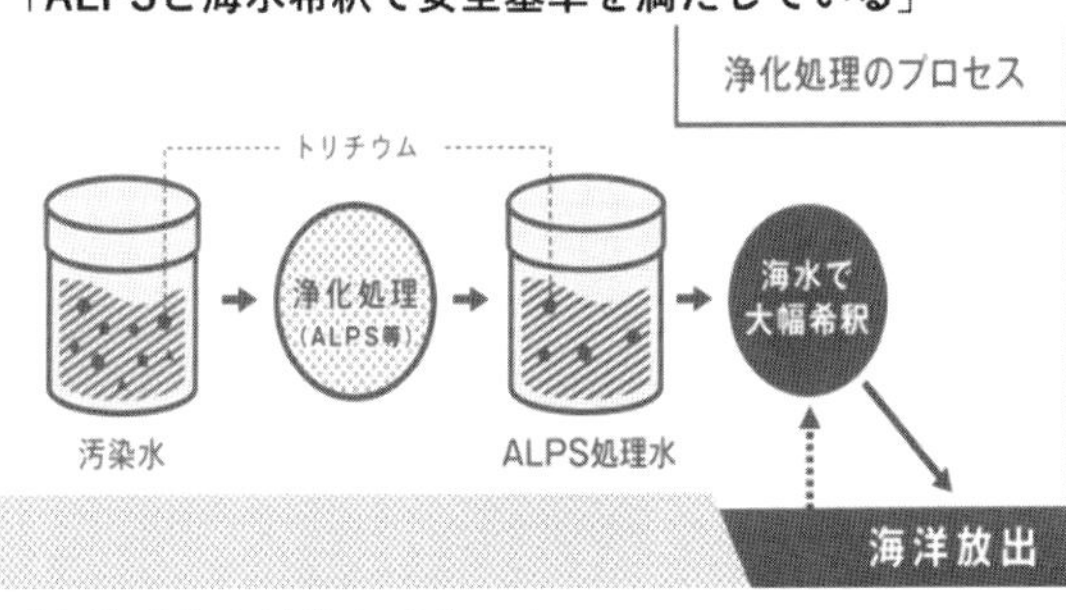

「トリチウムは危なくない」

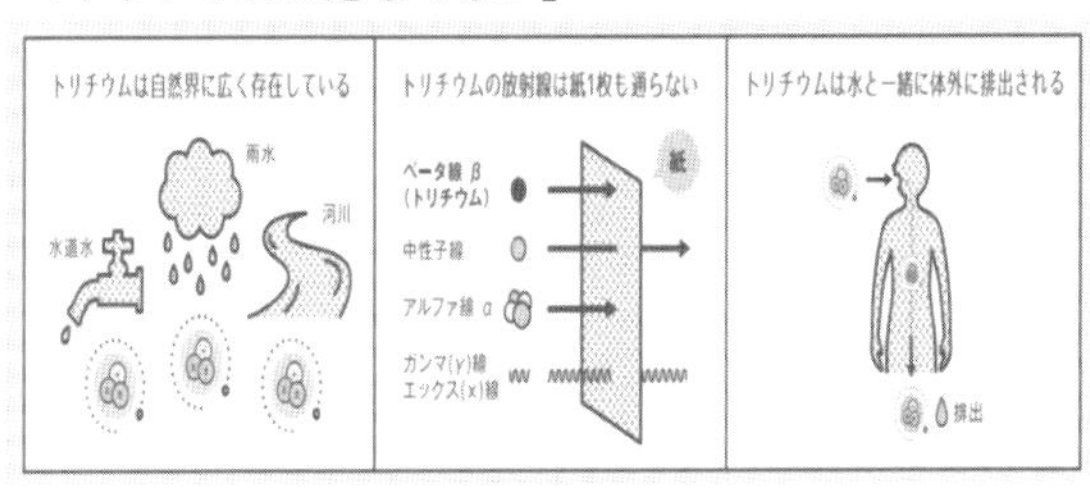

経産省パンフレット「廃炉の大切な話2022」を基に筆者作成

・「ALPS処理水とは、汚染水から放射性物質をほとんど除去したものです。」

ALPS処理水とは、「汚染水」を、トリチウム以外の放射性物質について安全基準を満たすまで浄化処理したものです。トリチウムについては、安全基準を満たすよう、処分前に海水で大幅に薄めます。ALPS処理水の海洋放出によって、人体や環境に影響を及ぼすことは考えられません。

だが、ここで政府にとって不都合な点が一つある。今タンクに保管されている水の約7割は、実はトリチウム以外の放射性物質についても安全基準を満たしていない（図表2）。ＡＬＰＳの性能が不十分な時期があったことなどが理由だ。この点について、経産省のパンフレットはこう説明する。

・「トリチウム以外の放射性物質を多く含むタンク内の水は、再度浄化処理を行います。」

タンクに貯蔵されている水には、トリチウム以外の放射性物質を安全基準以上に含むものも存在します。しかし、これらの放射性物質は再度浄化処理（二次処理）を行うことで取り除くことができます。すでに二次処理の試験が実施されており、問題なく浄化処理できることが確認できています。

これらが安全性についての政府の説明だ。ただし、こうした説明にはいくつもの反論が出ている。

図表2

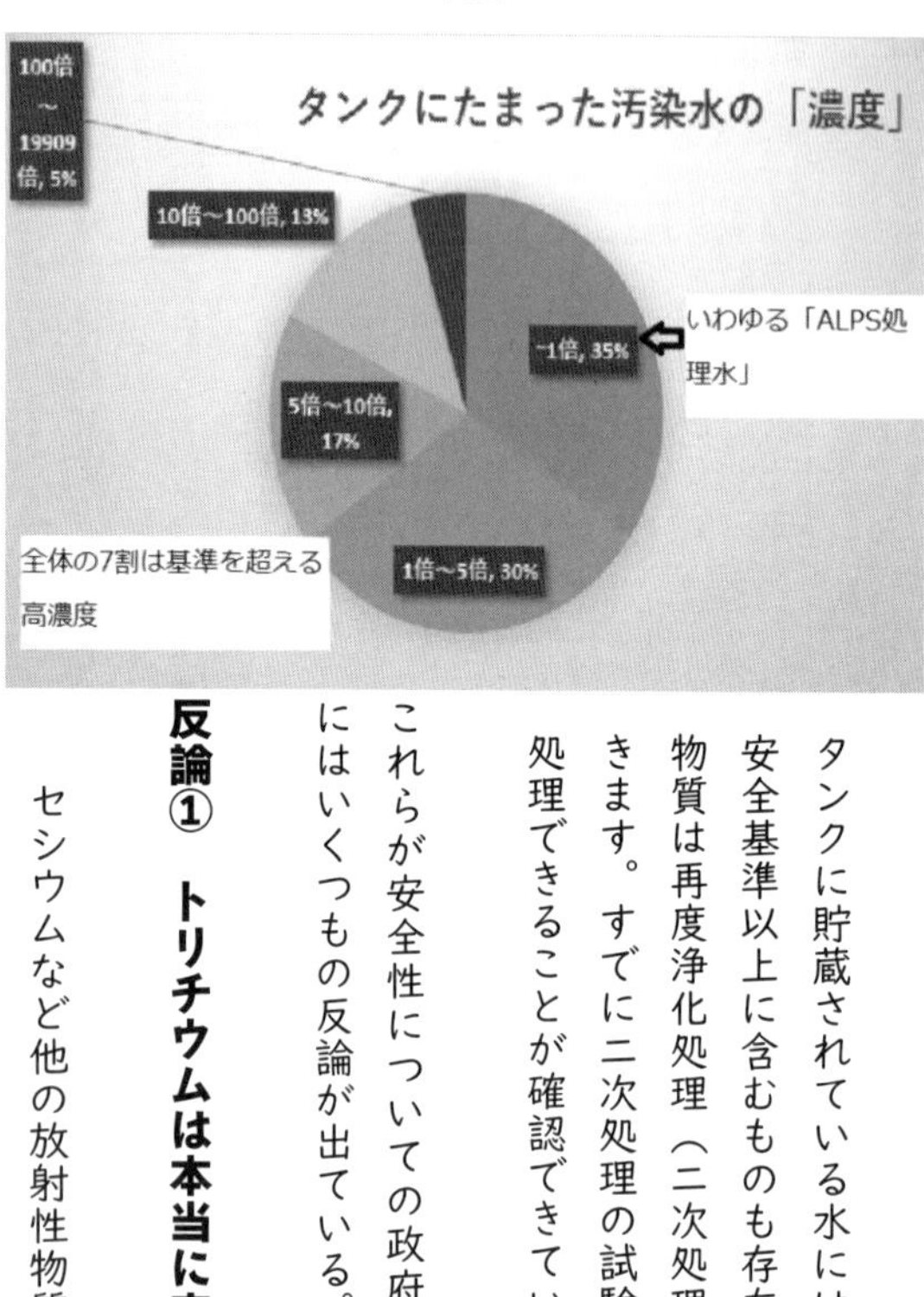

反論①　トリチウムは本当に安全なのか？

セシウムなど他の放射性物質と比べれば危険性は低いかもし

れないが、トリチウムも全くの無害ではない。体内に取り込んだ場合の生物学的半減期（代謝や排せつによって放射性物質の量が半分に減るまでの期間）は10日前後と言われている。だが、有機物に結合したトリチウムだと、体外に排出されるまでの期間はもっと長くなり、細胞のごく近くでβ線を放出し続けることになる。特にＤＮＡを損傷させる危険があることが指摘されている。

反論②「濃さ」の基準を下回ればいいと言い切れるのか？

トリチウム以外の放射性物質もゼロにはならない。図表３に示したのは海洋放出直前の汚染水（政府が「ＡＬＰＳ処理水」と呼ぶもの）に含まれている放射性物質の分析結果だ。トリチウムよりも量は少ないけれど、炭素14やヨウ素１２９、セシウム１３７やストロンチウム90も残る。トリチウムの半減期（物理学的に放射性物質の量が半分になるまでの時間）は12・３年だが、炭素14は約５７００年、ヨウ素１２９は１５７０万年だ。放出後にこれらの放射性物質が問題になったらどうしようもない。

こうした詳細な分析が終わっているのは、原発敷地内にある１千基以上のタンクのうち、ごく一部にすぎない。先ほど書いたように二次処理が必要なタンクも多数ある。このため、さまざまな放射性物質が最終的にトータルでどのくらい放出されることになるのか、現時点では分からない。仮に濃度の安全基準を満たしたとしても、海に捨てられる総量がはっきりしなければ「安全」とは言えないのではないか。

図表3

ALPS処理後も残る放射性物質の例

核種の名まえ	分析結果（1㍑あたり）
トリチウム	19万Bq
炭素14	15Bq
コバルト60	0.44Bq
ストロンチウム90	0.22Bq
テクネチウム99	0.7Bq
ヨウ素129	2.1Bq
セシウム137	0.42Bq

東京電力の報告書を基に筆者作成

反論③ALPSは信用できるのか？

ALPSは2013年の試運転開始以降、故障やトラブルが起きている。タンクに保管された水の中には基準値の約2万倍の高濃度汚染水もある。政府は「ALPSで再び処理すれば浄化できる」と言うが、ALPSが本当にすべてきれいにできるのか。不安はないのか。

紹介した反論は「本当に大丈夫なのか？　安全と言い切れるのか？」という指摘だ。

そもそも原発事故由来の汚染水を海に捨てるという世界初の行為なので、まだ分かっていないことも多いと思う。原発をめぐっては「想定外」のことが実際に起きた。海洋放出についても同じような「想定外」が起こらないとは限らない。

あとは、リスクをどこまで許容するかだ。私たちにできることはなるべく多くの情報に触れ、自分の考えを持つことだ。「リスクがこのくらいなら仕方ない」とか、「リスクがゼロにならないなら海洋放出以外の方法を選びたい」とか。いろいろな考え方があり得ると思う。

くり返しになるが、筆者がまずいと思うのは、政府があたかもリスクがゼロであるかのように伝えて

★コラム★本当に安全なの？

いる点だ。自分たちが海洋放出したいから、海洋放出に不都合な情報はなるべく広がらないようにしている。だからここに紹介したような反論は、経産省のパンフレット「廃炉の大切な話」には載っていない。

安全性についてもいろいろな指摘があることを伝えた上で、国民に「どうすればいいと思いますか？」と問いかけるべきである。

【Chapter4】「合意の捏造」はいつから？

海洋放出をめぐる「合意の捏造」はいつ始まったのか？　思い返せば、初めからおかしなことばかりだった……。

・・・・・・・・・・・・・・・・・

アンダー・コントロール発言

原発事故から2年半後の2013年9月7日、安倍晋三首相（当時）はアルゼンチンの首都ブエノスアイレスにいた。国際オリンピック委員会（IOC）の総会に出て、東京五輪の招致を成功させるためだった。五輪の開催地として認められるためには原発事故の影響を隠さなければいけない。そこで安倍氏はこう演説した。

Some may have concerns about Fukushima. Let me assure you, the situation is under control.（福島のことについて心配している人もいるかもしれません。私が約束します。状況はコントロール下にあります。）

安倍氏は自信満々にこう言ったが、汚染水が「アンダー・コントロール」になったことはかつてあっただろうか。政府が海洋放出を決めるまでの主な出来事をまとめた（表1）。

表1

汚染水をめぐる主な出来事

2011年	3月	東日本大震災と原発事故が発生	
		3号機建屋内汚染水が作業員の足にかかる事故	事故直後から汚染水問題は始まっていた
	4月	2号機付近の高濃度汚染水の海への流出が判明	
		比較的低濃度の汚染水を人為的に海へ放出	
	12月	野田佳彦首相が「冷温停止状態」を宣言	
		政府・東電、廃炉の「中長期ロードマップ」発表	
2013年	3月	多核種除去設備「ALPS」の試運転開始	
	7月	東電が高濃度汚染水の海への流出を発表	→ この時期、深刻な汚染水漏れが連発！
	8月	安倍晋三首相が「国として対策を講じる」と明言	慌てて対策に乗り出す
	9月	政府が「汚染水問題の基本方針」を策定	
		安倍首相が「アンダーコントロール」と演説	
	12月	「トリチウム水タスクフォース」が発足	
2015年	8月	政府と東電が福島県漁連に約束「関係者の理解なしにいかなる処分も行わない」	汚染水発生を止められず、海洋放出決定
	9月	東電、建屋周辺のサブドレン（地下水）の放出開始	
2016年	6月	タスクフォース報告書がまとまる	
	11月	「ALPS処理水の取扱いに関する小委員会」が発足	
2018年	9月	東電、タンク内汚染水の基準値超えを公表	
2020年	2月	小委員会報告書がまとまる	
2021年	4月	政府が海洋放出する方針を決定	

汚染水は原発事故の直後から問題になっていた。２０１１年３月下旬には作業員の足にかかり、入院する事態があった。高濃度の汚染水が海に流出していることも発覚した。４月上旬、政府・東電は高濃度の汚染水の貯蔵スペースを確保するため、比較的濃度が低い汚染水約１万トンを海に流した。事故後初めての「人為的な」海洋放出だった。当時も中国や韓国から反発があった。

問題が再燃したのは２０１３年以降だ。事故発生から2年が経過したというのにタンクなどから大量の汚染水漏れが発覚。政府もようやく慌てはじめ、同年9月には原子力災害対策本部（本部長は首相）が基本方針（①汚染源を「取り除く」②汚染源に「近づけない」③汚染水を「漏らさない」）をまとめた。こうしたタイミングで飛び出したのが「アンダー・コントロール」発言だった。ところが結局、当時の基本方針はいずれも達成できていない（①「取り除く」＝真の汚染源である燃料デブリは取り出せていない。②「近づけない」＝原発建屋に入る地下水や雨水はゼロにできていない。③「漏らさない」＝故意に海へ捨ててしまった）。安倍氏の発言は嘘八百だったと言わざるを得ない。

二つの会議

政府はいくつかの会議を開いて海洋放出を決めた。最後にゴーサインを出したのは首相官邸で開く「関係閣僚等会議」だが、そこまでのお膳立てをしたのは経産省だ。13年４月、経産省は大学教授ら有識者を集めて「汚染水処理対策委員会」を立ち上げた。ここで話し合い、ＡＬＰＳでどんなに頑張ってもトリチウムは取り除けないと認定。どう処分するか考えるため、さらに二つの有識者会議を作った。「トリチウム水タスクフォース」と「ＡＬＰＳ処理水の取扱いに関する小委員会」である（表２）。

表２

二つの会議

【トリチウム水タスクフォース】

初会合	2013年12月25日
目的	トリチウム水処分方法の選択肢を検討
会合の回数	計15回
報告書完成日	2016年6月3日
報告書の内容	トリチウムのβ線のエネルギーは小さく、紙一枚で遮蔽できる。人体に与える影響は、食品中の放射性物質の基準である放射性セシウムより極めて小さく、約１千分の１となる。トリチウム水の長期的な取扱い方法には以下の５つがある。「地層注入」「海洋放出」「水蒸気放出」「水素放出」「地下埋設」。なお、評価結果については各種の仮定を設定した上での試算であり、実際の処分に要するコスト等を保証するものではない。

【ALPS処理水の取扱いに関する小委員会】

初会合	2016年11月11日
目的	社会的影響も含めて総合的に判断
会合の回数	合計17回＋公聴会と福島第一原発の視察
報告書完成日	2020年2月10日
報告書の内容	地層注入、水素放出、地下埋設は規制的、技術的、時間的な課題が多い。水蒸気放出と海洋放出が現実的な選択肢である。トリチウムを含む液体放射性廃棄物は国内外の原子力施設で海水希釈され、海へ放出されている。これまでの実績や放出設備の取扱いの容易さ、モニタリングのあり方も含めて、海洋放出のほうが確実に実施できる。小委員会での検討は処分方法の判断材料を専門的な見地から提供するものであり、関係者間の意見調整を行うものではない。今後、政府には、地元を始めとした幅広い関係者の意見を丁寧に聞き、処分方法だけでなく風評影響への対策も含めた方針を決定することを期待する。

13年のクリスマスに始まった「タスクフォース」は、トリチウム水の処分方法にはどんなものがあるかを考えるのが目的だった。技術的、科学的な話になるため、委員には放射線などの専門家が多く選ばれた。報告書がまとまったのは16年6月。「地層注入」「海洋放出」「水蒸気放出」「水素放出」「地下埋設」の五つの処分方法を提示した。タスクフォース報告書から5か月後、新たに「小委員会」が始まった。こちらは漁業者らの営業損害など社会的影響(「風評被害」とも言われる)も含めて検討するのが目的だった。このため福島の一次産業に詳しい研究者なども委員に選ばれた。20年2月の報告書は「水蒸気放出と海洋放出が現実的な選択肢であり、後者のほうが確実に実施できる」と結論づけた。

タスクフォースの初会合から小委員会の報告書完成までに6年を超える時間がかかった。汚染水の処分について、政府は「専門家にお願いして長い時間をかけて議論を重ねてきた」と言う。その根拠はここにある。この二つの会議を通じて政府は「本当の合意」に近づく努力をしたのか。いくつかのポイントに絞って考えたい。

議論の前提は正しかったのか?

まずは「トリチウム水タスクフォース」というネーミングに注目してほしい。13年4月にできたのは「汚染水処理対策委員会」だった。はじめは現実に存在する「汚染水」について話し合った。その後、「トリチウム水」に限定したタスクフォースを作った。逆に言うと、この会議には「トリチウム以外の放射性物質はきれいに取り除ける」という議論の前提があった。経産省の糟谷敏秀氏はタスクフォース初会合の場でこのことを伝えていた。

糟谷氏「今ある汚染水については、ＡＬＰＳを使ってトリチウム以外は十分に取り除くところまでやるという前提で、その先の検討ということで、このタスクフォースで議論をいただきたいと思っております」

先述の通り、たとえＡＬＰＳで処理してもトリチウム以外の放射性物質が１００％取り除けるわけではない。それに加え、現在タンクにたまっている水の大半はトリチウム以外についても安全基準を満たしていない。厳密に言えば「トリチウム水（トリチウム以外は含まれていない水）」は存在しないし、実際にあるのはむしろ高濃度の「汚染水」なのだ。経産省はそれを百も承知の上で「トリチウム水」の議論を促した。東電も積極的に情報公開しなかった。この時点で、合意形成という意味においては、議論の前提がおかしかったと言わざるを得ない。

タンク中の汚染水の大半が安全基準を満たしていないことは、18年夏に共同通信などのメディアが報じてから広く知られるようになった。この時期にはすでにタスクフォースが終わり、後続のＡＬＰＳ処理水小委員会も中盤に差しかかっていた。小委員会の第10回会合では、委員の一人だった関谷直也・東京大大学院准教授が東電に苦言を呈した。

関谷氏「少なくとも今までこの委員会では、トリチウムがほとんどであるという前提で経済被害を議論していたと思っています。今までの議論を東京電力さんはどういうふうな視点でごらんになっていたか。合意形成のプロセスとして、倫理的に」

東電側「私どもと委員の皆様との関心、それから問題意識の差であったというふうに思っております」

関谷氏「単純に問題意識の差というふうに理解されているということですか。国民への説明として倫理的に問題がなかったと考えていらっしゃるということですか」

東電側「十分な説明ができていなかったことに対しては、問題があったというふうに思っております」

少し脱線するが、海洋放出直前の23年夏に開かれた住民説明会でもこの点が問われた。市民への情報開示が足りないと指摘されたのだ。この時の経産官僚の回答はこうだった。

「18年8月に共同通信の報道があったことは承知しております。ただ、これはですね、データはちゃんと公表しております。トリチウム以外の物質について、あまり世間がそういうことを分かっていないということで、共同が報道したということでございまして、まあたしかに我々も積極的に、『入っている』というのを言ってこなかったのは反省点だと思っております」

あきれた物言いである。

経産省が議論を誘導？

有識者会議と言っても、タスクフォースと小委員会は外部の有識者が一から十まで決める会議ではない。あくまで事務局の官僚（経産省）が「この範囲で話し合ってください」と決めていた。最後にまとめる報告書も、経産省が文案を説明し、会合の場で委員から意見をつのるという流れでまとめられていた。経産省による議論の誘導が露骨だった場面を紹介しよう。

くり返しになるが、タスクフォースの最大の目的は「処分方法の選択肢の検討」だ。処分方法の「決定」ではなく、あくまで「選択肢の検討」である。経産省もこのことは強調していて、タスクフォースがまとめた報告書の冒頭にも以下のような記載がある。

基礎資料として、様々な選択肢についての技術的な評価を行った（関係者間の意見調整や選択肢の一本化を行うものではない）。

しかし、ここにウラがある。建て前としてはあくまで「技術的にはどんな方法があるかを考える場」ということで会議は設定された。しかし、実際にはこの会議の時点で「海洋放出」という結論を国民に受け入れさせるための「地ならし」が行われていたのである。会議の内容を表3でふり返ってみよう。

表３

トリチウム水タスクフォース
議論の流れ

		会合	主な議題
2013年	12月25日	第1回	タスクフォースの進め方
2014年	1月15日	第2回	トリチウム水の保管状況
	2月7日	第3回	トリチウムの生体影響
	2月27日	第4回	環境中のモニタリング方法
	3月13日	第5回	海外の取組事例
	3月26日	第6回	海外の取組事例
	4月9日	第7回	海外の取組事例
	4月24日	第8回	5つの選択肢を提示
	7月9日	第9回	選択肢の検討
	10月24日	第10回	分離技術、選択肢の検討
2015年	1月21日	第11回	コミュニケーションのあり方
	6月5日	第12回	選択肢の検討
	12月4日	第13回	選択肢の検討
2016年	4月19日	第14回	「期間とコスト」の評価
	5月27日	第15回	報告書文案のまとめ作業

14年４月の第８回会合で、「地層注入」「海洋放出」「水蒸気放出」「水素放出」「地下埋設」という五つの選択肢が示された。そして15年12月の第13回会合で、それぞれの方法をとった場合に大体どんな設

備が必要になるのか、設計図というかイメージ図のようなものが示された。「技術的な選択肢の検討」という意味ではこの程度でよかったはずだ。こうした内容をまとめた報告書が完成した場合、一般の人は「ふーん。こういう選択肢があるのか」と、軽く受け止めただろう。ところが事務局を務める経産省は最後の最後で踏み込んだ。処分にかかる「時間」と「コスト」という一般の人の琴線に触れる指標を出してきたのだ（表4）。報告書をまとめる直前、第14回会合（16年4月）のことである。

表4

期間とコストの評価

処分方法	期間（月）	費用（億円）
地層注入	69〜156	177〜3976
海洋放出	52〜88	17〜34
水蒸気放出	75〜115	227〜349
水素放出	68〜101	600〜1000
地下埋設	62〜98	745〜2533

※トリチウム水タスクフォースの資料を基に筆者作成

この試算は悪い意味でとても効果的だった。案は複数あると言っても、地層注入や地下埋設は数千億円単位のお金がかかる。一方で海洋放出はわずか34億円程度で済む。細かい技術的なことには縁遠くても「時間とコスト」の比較は誰もが一目でできる。このインパクトは大きい。実際、マスメディアはこの試算結果を大きく取り上げた。

・2016年4月20日付福島民報1ページ

「海洋放出など初試算　第一原発トリチウム　経産省が処分期間と費用」　地層注入、海洋放出、水蒸気放出、水素放出、地下埋設のうち、海洋放出が最も短期間で低費用とした。五種類の処分方法の試算は今後、政府決定の参考になるとみられる。

・2016年4月20日付毎日新聞6ページ

「専門家部会が了承　トリチウム『海洋放出が最安』」浄化処理で取り除けない放射性トリチウム（三重水素）の処分方法に関して、海に流す方法が最も短期間で、低コストとする試算結果を示し、了承された。

これをきっかけにして世間には「海洋放出がリーズナブル」という相場感ができた。タスクフォースの会合で出てきた試算結果なのだから、委員たちが長い時間をかけて議論したと思うだろう。しかし、実際はそうじゃない。第14回会合でこの試算を説明したのは経産省（国土交通省から出向）の柿崎恒美氏である。

柿崎氏「この資料、今回事務局において、処分に必要な時間、コスト、規模、二次廃棄物の発生量、処分に伴う作業員の被ばく等の評価結果を整理したものでございます」

「事務局において整理した」と話している。委員たちは試算に関わっていないのだ。その後、柿崎氏は試算結果を事務的に読み上げていった。委員はそれを聞くだけだった。試算に関わっていないことは、山西敏彦委員（国立研究開発法人「日本原子力研究開発機構」）の以下の発言からも確認できる。

山西氏「このコストについては、こういった技術を持っているエンジニア会社とかの値を参考に見積もられたということなのかということと、数字出ていますけれども、精度はどれぐらいとお考えでしょうか」

柿崎氏「コストにつきましては、ある程度、施工のボリューム感を見積もった上で、いわゆる積算的なことをして出してございます。精度も具体的な図面等が必ずしもない中でありますので、あくまでも想定したものの中で算定しているというような形でございます」

誰がこの値を見積もったのか。経産省は会合で直接答えなかった。オープンではないところで世論を動かした「数字」はまとまっていたのである。このようにして急に提示された数字について、委員たちが「間違っている」と指摘するのは難しいだろう。かくして経産省が作った試算結果はそのまま「報告書」に掲載され、有識者たちが話し合った内容として「権威づけ」された。16年6月に完成したタスクフォース報告書には〈試算結果は一定の仮定の下での概算であり、実際の処分内容を保証するものではない〉と書いてある。しかし、こういう分かりやすい数字が出てくればマスメディアが注目し、いわゆる「数字の独り歩き」が始まるのは予想されることだ。経産省は「あくまで試算」と言いつつ、あえて数字の独り歩きを作り出し、世論を誘導していったと言える（この試算は結果的に大変ミスリードなものだった。第8章で書く)。

これについては委員からも批判が出た。タスクフォースと小委員会の両方で委員を務めた国立研究開発法人「水産研究・教育機構」の森田貴己氏は、小委員会の第10回会合でこのように発言した。

森田氏「確かに費用と処理時間の話を結論として出していますけれども、当時の議事録をもう一度振り返ってもらえればわかりますが、この2つに関してはあくまでも参考ということで出していて、当時のタスクフォースでも全く議論の対象としてなかったと思います。しかし現在、タスクフォースの中でほぼ議論されなかったこのコストの話と処理期間の話がすごく注目されており、ちょっと心残りであるというか(中略)特にコストのところですね。コストのところは、個人的な意見としては、取り下げてもいいかなというぐらいのことを思っている。タスクフォース報告書のコストの部分だけ注目されて、その数字だけがやたらと抜き出されるということは、ちょっと問題かなと感じています」

トリチウムの「分離」はできないのか?

タスクフォースでもう一つ重要なのは、トリチウムの分離技術について話し合った点だ。

トリチウムは水素ととてもよく似た物質である。水素分子2つと酸素分子1つがくっついて水(H_2O)ができる。水に含まれる水素分子の一つがトリチウムと置き換わったものがトリチウム水(HTO)

である。H_2OとHTOはほとんど変わらないのでALPSという巨大なフィルター装置を通してもトリチウムは取り除けない。だが、分離する技術が全くないかというと、そういう訳ではない。福島とは条件が異なるものの、韓国やカナダの原子力施設で実際に利用されている。

こういう事例を生かせないかと、政府も分離技術を具体的に検討した。「トリチウム分離技術検証試験事業」というものを行い、国内外の関連企業や大学7組が参加した。米国のキュリオンやロシアのロスラオら原子力企業、東芝や北海道大学などだ。だが、政府は7件のアイデアを検討し、「直ちに実用化できる段階にある技術は確認されなかった」と結論づけた。「試験データにばらつきがある」「データの取得が不十分」「コスト見積もりが過小評価」などが理由だった。

ただしタスクフォースの議事録を読むかぎり、7件のうち少なくともいくつかは「完全にダメ」という状況ではなかったようだ。16年4月に開かれた第14回会合で、経産省は先ほどの分離技術検証事業の結果を報告した。ところがタスクフォース委員の一人で分離技術検証事業にも関わった山西敏彦氏（前出）は、会合で以下のようにもコメントしていた。

山西氏「ロシアのロスラオ社は、ほとんど実規模のところまでつくって試験をしたというのでは非常に貴重なデータなんですけれども、このレベルのプラントになりますと、立ち上げてから1点データを取るのに1週間近くかかる。そうなると、再現性とかも勘案していきますと、データを取るだけで1年近くかかるのは当たり前の状況になります。そういう意味で、キュリオン、ロスラオ社については、可能性は十分あると思いますけれども、直ちにこれから適用できるレベルにはないと判断したということになります」

このコメントを読むと、可能性ゼロというわけではないように思えてくる。「データを取るだけで1年近くかかる」と指摘されているが、海洋放出が終わるのは30年以上先のことだ。検討の余地があるのではなかろうか。

解せないのは、経産省がこの時点で「分離」の道を本気で追求するのをやめてしまったことだ。「今すぐ実用化できない」というだけで、少なくともアイデアはあった。それなのに経産省はこれ以降、分離技術の募集・検討をやめてしまった。代わりに始めたのは東電だ。東電は21年5月、すなわち政府が海洋放出の方針を決めた翌月から分離技術の募集を始めた。東電によると22年末の時点で124件の提案があり、そのうちの14件が「実用化に向けた要件を将来的に満たす可能性がある」という。今後、福島第一原発構内での実証試験などを行う予定になっている。しかし、心配なのは「東電が本気で分離技術を追求するのか」という点だ。海底トンネルまで掘り、東電からしてみればようやく実現しつつある海洋放出だ。今さら本気になって他の選択肢を探すだろうか。経産省は東電任せにせず、自ら分離技術の検討を進めるべきだ。

「社会的な影響」は真剣に検討されたのか？

海洋放出がリーズナブルという印象を世に植えつけたトリチウム水タスクフォースが終わり、16年11

月からＡＬＰＳ処理水小委員会が開かれた。こちらは農漁業者の損害や福島へのマイナスイメージなどの社会的影響（「風評被害」と呼ぶ人もいる）がメーンテーマだった（表５）。会議の前半に開かれたヒアリングは大学教授らだけでなく、福島のスーパー大手「ヨークベニマル」やＪＡグループからも話を聞いた。注目すべきは、小委員会のメンバーたちが海洋放出についてかなりネガティブな意見を述べていたことだ。前出の森田氏は福島の漁業をよく知る立場からこのように述べた。

表５

ALPS処理水小委員会
議論の流れ

2016年	11月11日	第1回今後の検討の進め方
	12月16日	第2回社会的影響等ヒアリング
2017年	2月24日	第3回社会的影響等ヒアリング
	4月21日	第4回社会的影響等ヒアリング
	6月2日	第5回社会的影響等ヒアリング
	7月15日	―　福島第一原発の視察
	8月5日	―　福島第一原発の視察
	10月23日	第6回コミュニケーションのあり方
2018年	2月2日	第7回風評被害対策／トリチウムの性質
	5月18日	第8回トリチウムの性質／社会的影響の考え方
	7月13日	第9回前回会合のふり返り
	8月30日	―　説明・公聴会
	8月31日	―　説明・公聴会
	10月1日	第10回説明・公聴会で出た指摘について
	11月30日	第11回トリチウムの健康影響、規制基準
	12月28日	第12回放射性物質の管理（モニタリング等）
2019年	7月20日	―　福島第一原発の視察
	8月3日	―　福島第一原発の視察
	8月9日	第13回原発敷地の拡大、タンク貯蔵の継続等
	9月27日	第14回選択肢の検討（タンク貯蔵の継続等）
	11月18日	第15回前回までの論点ふりかえり
	12月23日	第16回報告書とりまとめに向けた議論
2020年	1月31日	第17回報告書文案のまとめ作業

森田氏「福島県の相双地区では、仲買人が震災前は１８０人ほどおられたのに、現在は25人程度しかおられない。津波の被害があって廃業された方がおられるわけですけれども、その後に放射能汚染の問題があって商売をやめられた方も多いわけです。現在は構造化していて、その少人数の仲買

の方が魚を処理できないので、生産段階のほうに抑制がかかっていて水揚げ量がふえないという状況です。もう既にセシウムの汚染でそういう構造的な問題ができてしまっているところに対してのトリチウムの話なわけですよね。何を言いたいかというと、放射性セシウムの汚染の問題が完全に解決できない状態の中で、トリチウムの問題を解決しようとするのはなかなか難しいんじゃないかということです」（第12回会合）

「消費生活アドバイザー」の肩書を持つ辰巳菊子氏は以下のように発言した。小委員会としての報告書をまとめる最終段階で、経産省が五つの選択肢のうちの地層注入、水素放出、地下埋設について「前例がない」「課題が多い」という理由で否定し、海洋放出と水蒸気放出に絞ろうとした時である。

辰巳氏「社会的な影響が非常に大きいと思うんです。だから、ほかの3つがバツだよって言ってきて、じゃあ残った2つは三角なのかって考えたときに、私は、それは三角ではなくてやっぱりバツじゃないかなっていう気もするんですね。風評被害という視点から見たときには、水蒸気と海洋放出いずれも非常に大きなバツがつくんだって思っております」（第16回会合）

議事録を読む限り、委員たちは海洋放出の安全面を疑問視していない。ただし、社会的影響を考えればＮＧだという意見は少なくなかった。３・１１後、すでにいろいろな対策に取り組んできた。それでも漁業をはじめとした産業は苦しんでいる。このタイミングでの汚染水処分は福島をさらに苦しめることになる、という指摘だ。経産省はこうした意見を聞きつつも、「だったら海洋放出はやめましょう」とは言わず、「有効な風評対策を教えてください」と言うだけだった。

経産省（奥田修司氏）「そこで何かのアクションを起こさないといけないんじゃないかということでご議論いただいていますので、その観点で何かもし専門家としてご示唆いただけるものがあれば非常にありがたいなと思います」（第14回会合）

小委員会の規約には〈風評被害など社会的な観点等も含めて、総合的な検討を行うことを目的とする〉と書いてある。だが実際には「社会的な観点から放出するな」という意見は歓迎されなかった。経産省が求めていたのは、あくまで処分を前提とした対策のアドバイスだった。

委員たちはただ反対していたわけではない。対案も出していた。代表的なものが「タンク保管の継続」だ。福島第一原発の敷地周辺には除染で出たごみを保管するための「中間貯蔵施設」が広がっている。この敷地に追加のタンクを設置してはどうか。もしくは、第一原発の敷地内にある汚染度の低い土を敷地外に持って行けば、敷地内にもタンクの増設スペースが作れるのではないか。これらの案が出た。福島県内の農業に詳しい福島大教授の小山良太氏は第13回会合でこのように提案した。

小山氏「敷地を拡幅するのが一番早いんじゃないかなと客観的に見ると思うんですけど。中間貯蔵のために環境省が取得している土地をタンクなり、あるいは土なりで。これだけ（敷地内が）タイトになっているんであれば、第一原発自体をある程度広げるということも必要なんじゃないかなと」

しかし、経産省はこの案をあっさり否定した（第14回会合）。

奥田氏「周辺地域、中間貯蔵地域に拡大できないかというところでございますけれども、国が地元（県・立地2町）に説明をさせていただいた上で、福島の復興のために受け入れていただくということで用地を取得し、整備を進めているものでございます。地権者の皆様にも中間貯蔵施設のために利用させていただくということで土地の提供、お願いをしているものでございます。こういった状況を考えますと、敷地を拡大していくのは難しいのではないかと考えてございます」

土の移送についても同じで、「原発敷地内の土を持ち出す法律がない」などといった理由で断っている。この回答に対しては前出の森田氏が「結論から言うといろいろ変えるのが面倒くさいという話だと思うんですけれども」と指摘していた。その通りだ。経産省は「できない理由」を並べるだけで、「どうしたらできるか」を考えようとしない。中間貯蔵施設がある福島県大熊町と双葉町に相談したり、土を持ち出す法律づくりに要する時間を考えたり。委員の提案を実現するため、具体的に努力した形跡は見つからなかった。

反対する人たちとの対話は？

小委員会の中盤、18年8月末には、一般の市民が意見を言える「公聴会」が開かれた。この会を開く理由について、小委員会の事務局（つまり経産省）は事前にこう説明していた。

「広く国民の皆様がこの問題をどう認識し、どのような懸念をお持ちかなどをお聴きした上で、今後の検討を進めていくことが必要と考えています」

真っ当な判断だ。公聴会は2日間にわたり、福島県富岡町と郡山市、東京都内の合計3カ所で開催された。そしてこの場では、当時から「本命」とみられていた海洋放出への反対意見が噴出した。

「タンク保管が汚染水処分の選択肢から外されています。なぜでしょうか？　現在使われているのは小型タンクです。すでに国家石油備蓄基地では大型タンクが使用されています。適切に腐食対策をとれば、１００年程度保管できるとの指摘もあります」

「トリチウムは危険です。我々の遺伝子は二対の塩基でできています。塩基をつないでいるのは水素です。ここの水素がトリチウムと置き換われば、ＤＮＡを内部から破壊します。この最も重要な問題をなぜ無視するんですか？」

「放出される放射性物質の総量についての規制がありません。このまま海洋放出されれば、総量1千兆ベクレルのトリチウムなど複数の核種が全量投棄され、海洋汚染が拡大します。陸上保管を続けることが現実的であり、国民の生命・財産を守るための賢明な選択です」

3会場で約40人が発言した。そのうちの大半が「反対」だった。海洋汚染への心配や、「陸上保管を続ければいいじゃないか」という意見が多かった。市民たちは事前にさまざまな専門家の話を聞き、本を読んだ上で、個人的な思いもこめて（特に福島県内の会場では原発事故の被害者としての思いをこめて）発言していた。

これは大きなことだ。普通なら大幅な政策転換が必要となるだろう。ところが意外にも、公聴会の結果は小委員会の議論の方向性にほとんど影響を与えなかった。主な反対意見については一応、その後に開かれた小委員会の会合で議題にのぼった。ただしその扱い方は不十分だった。トリチウムの危険性については「たいしたことないですよ」。大型タンク保管案は「課題がたくさんありますよ」。公聴会で出た意見は政府が選んだ専門家に一蹴され、特に異論も出ずに、話し合いは終わってしまった。

トリチウムの危険性については小委員会の委員を務める茨城大学教授の田内広氏が説明役を担った。

田内氏「細胞はＤＮＡが切れてしまったらお手あげかというと、そんなことはございません。細胞の中には、消しゴムとか鉛筆とかセロハンテープとか、糊とかはさみとかクリップに相当するようなもの、あるいはコピー機に相当するものまでそろっています。これが修復酵素というものです。修復酵素によってきちんと元に戻そうという仕組みが備わっています。ですから、遺伝子の傷の大半というのは修復が可能だということです。ただし、絶対確実に直せるかといったら、１００％ではございません。当然ながら、傷の修復にはキャパシティーがございますので、時間当たりに傷が何個入ったかということが、非常に重要になってくるということです。（中略）疫学調査でもトリチウムが特別に危ないという事実はないです。科学的なデータに基づけばこういうふうになります」（第11回会合）

大型タンク保管案は、なぜか東電の代表者（汚染水対策の責任者である松本純一氏）が否定した。

松本氏「石油備蓄基地で使っております洋上タンクは88万立方メートルと大容量ですが、25メートル程度の水深が必要で、福島第一の港湾内には難しいということと、仮に沖合で設置しますと、防波堤が必要になります。また、津波の発生ですとか、漏えいした場合の回収が困難というようなデメリットがございます」（第13回会合）

筆者が指摘したいのは、専門家同士の議論をもっと聞きたかったということだ。放射線の生体影響を研究する田内氏はもちろん専門家の一人だ。一方、トリチウムの危険性を説く人の中にも専門家はいる。

たとえば北海道がんセンター名誉院長の西尾正道氏だ。放射線治療医としての豊富な経験を持ち、トリチウムによるＤＮＡ損傷などを著書で解説している。西尾氏の指摘をそう簡単にスルーしていいのかという疑問が生じる。西尾氏は公聴会でも意見を述べた。その場には小委員会の委員として田内氏もいた。だが、「本日は討論の場ではございませんので」（田内氏）ということで、２人が議論する時間はほとんどなかった。意見が異なる専門家同士が十分に議論していないので、どちらの意見が正しいのか、どう食い違っているのかが分からない。汚染水の処分について本当の合意を目指すならば、経産省はこの西尾氏を小委員会の会合に呼び、徹底的に議論したほうがよかったのではないか。

他の選択肢の模索についても同じことが言える。大型タンク案を否定する東電の説明を鵜呑みにしていいものなのか。なぜ、こういった案を推奨する有識者を小委員会などに招いて議論しないのだろうか。たとえば「原子力市民委員会」という市民グループがある。脱原発社会の構築をめざす団体で、科学者やプラントエンジニア、原発で働いていた技術者らも加わっている。この団体は海洋放出に代わる具体策として「長期タンク保管」と「モルタル固化半地下埋設」の二つを提案していた。（後者は、汚染水をセメントや砂と共に固化し、コンクリートタンクの中に流し込むという案だ。米国のサバンナリバー核施設で大規模に実施されているという。）代替案について真剣に検討している有識者はいる。意見を聞くことは可能だったはずだ。経産省は異論を持つ人を会議の場に呼ばず、結論が自分たちの敷いたレールから落っこちないようにしていた。そう考えざるを得ない。

残念ながら、公聴会で出た様々な反対意見はこうして受け流されてしまった。さらに残念なのは、小委員会がこの後、公聴会の開催自体をやめてしまったことだ。「反対意見ばかり突きつけられるのが嫌だったのだろうか。18年夏以降は公聴会を一度も開かず、20年2月に「海洋放出が現実的だ」という報告書をまとめてしまった。政府は報告書の完成後も「関係者のご意見を伺う場」という会を開いた。しかし、そこに招かれたのは大半が福島県知事や県内の市町村長、商工会議所など各種団体のトップだった。一般の市民がたくさん参加できるものではなかった。

「合意形成の放棄」とも言うべき行いではなかろうか。

合意形成のあり方は学んだのか？

以上、長々と書いてきた。要するに、汚染水問題を話し合った二つの会議は、海洋放出という「結論ありき」で進められたのだ。ちゃんと話し合いました、というアリバイ作りのための会議に過ぎなかった。経産省は「数年かけて議論してきた」というが、その数年間、合意形成の努力が重ねられてきた訳ではない。他の選択肢や反対意見の検討はおざなりだった。

汚染水の処分という難しい問題について、社会の中でどのように合意を形成したらいいのか。実はこの点についても有識者会議で検討したことがある。15年1月に開かれたトリチウム水タスクフォース第11回会合である。この日の議題の一つが「リスクコミュニケーションのあり方」だった。専門家として大阪大学の小林傳司教授が招かれていた。小林氏は刺激的な物言いで合意形成の難しさを語った。

小林氏「非常に広い意味での合意という言葉でイメージされるようなものが簡単にはできないのだと。むしろ『メタ』合意とここでは書きましたけれども、これだけ厄介な問題のときに、どうやって決めたら、もうしようがないねとみんながあきらめるかという、そういうタイプの合意はできるかもしれません。その程度の獲得目標にしておかなければ、極めて一方的で強圧的なコミュニケーション活動が行われる、説得活動が行われるということになってしまって、逆効果だというのが結論であります」

汚染水問題の場合みんなが納得し、よろこんで受け入れるような「理想的な合意」はあり得ない。次善の策として「メタな合意」を目標にすべきだという。では、「メタな合意」とはどんなものか。

小林氏「ゼロリスクがないということは失敗の可能性はゼロではないと言っているに等しいので、こうすると納得のいく失敗をどうやってやるかという問題に帰着する。ヨーロッパ人の言い方だとthe least regretという言い方をします。後悔の最小化。やるべきことはもう全部やったと、これで失敗したらまあしようがないねという、その構造でしか、もう動かせないタイプの問題があるということでございます」

参考になる。小林氏はこう話し、コミュニケーションをやる時に必要な「準備と覚悟」を示した。会議資料から引用する。

・コミュニケーション活動の実施主体の信頼性確保（東電、エネ庁では困難でしょう）
・コミュニケーションの獲得目標の明確化（落としどころを事前に決めておけという意味ではない。合意など形成されないことを覚悟しつつ、どういう成果が期待できるかについてイメージを持つこと）
・コミュニケーションの手法の検討（目的とテーマ依存）
・出てきた結果の利用方法について、コミュニケーション活動の冒頭で説明できるようにすること（その覚悟がなければやるな）

最後の「その覚悟がなければやるな」というのは、「その覚悟を持ってやれ」ということだろう。東電やエネ庁（経産省）ではなく、ＮＰＯなど第三者に委託してコミュニケーションを行ってはどうか。どんな人とどんな形で議論するか、コミュニケーションの「場」の設計から話し合う方法もある。一種の裁判員制度のようなやり方もある。選ばれた市民が意見の異なる専門家と議論をして、結論をつくりあげるような……。いずれにしろ最も大事なのはコミュニケーションの相手（市民）をパートナーとして扱うことだと、小林氏は話した。

小林氏「結局トラストがないんだ。専門家集団とか行政にトラストがない。信頼されていない。その信頼がないときにどうするかというと、パートナーとして扱う。言うは簡単、でもどうやってというのが、非常に難しい。だけれども、結局最終的にはこれ、パートナーとして扱うというところまでいかざるを得ない。その覚悟が本当にあるのですかというのが、私の冒頭に申し上げた問いであります」

その後政府が行ったコミュニケーションを思い返してほしい。小林氏のアドバイスを採用し、市民をパートナーとして扱ってきたか。それをせず、「極めて一方的で強圧的なコミュニケーション」に終始したのか。

☆取材日記☆　ひとびとの声

本書は「合意の捏造」がテーマなので、人びとの声の紹介は最小限にとどめる。でも、やっぱり大事だ。ここでは３人に限定して紹介する。

新地町の漁師、小野春雄さんの話

（２０２３年７月23日、政府・東電と市民団体との交渉の場で）

あんたたちはいいですよ。30年後、40年後、どうなってるか分かんないんだから。自分たちは異動もできるし、辞めることもできるけども。事業者とかここにいる皆さんは、福島県を捨てることができないんですよ。漁業者は特別、海を離れることができないんですよ。仕事場だから。現実これだけの肉体的苦痛、精神的苦痛。岸田総理大臣に聞いてもらいたいですよ。本当に。われわれの声を。ということですから、ぜーったいに海に流さないように、お願い、お願いをします。ほーんとに。お願いしかないです。

われわれは一生懸命になって、死に物狂いではたらいてんですよ。今後のためにと思って。こんな暑いのに。漁師は命がけでがんばってんですよ。倒れた人だっているんですから。漁師は魚を獲りたかったら本気になるんですよ。日射病で倒れた人もいるんですよ。3年前に亡くなっている人もいるんですよ。そういうふうに一生懸命仕事してるんですよ。われわれは。生活のために。今後のために。未来を夢見て。これを流したら、未来がないでしょ？　どうするんですか！　我々にやめろってことですよ。海に流すっつうのは。われわれを守ってくださいよ。いちばん守るべきはわれわれでしょ？　方法がないんだったら、わたしだって理解しますよ。方法があるでしょ？　いろいろな方法、おれは何度も言ってるでしょ。

いちばん大事なのは、「夏頃に放出」っつうけど、いまは夏でしょ？　いま春？　冬？　小学生も夏休み入ったでしょ？　この前も官房長官が「夏」って限定してたけど、なんで夏って限定するんですか？われわれにとって一番大事なのは消費者なんですよ。消費者が納得するなら、われわれは文句言わないですから。関係者ってわれわればっかでないですよ。われわれは獲ってくるだけ。消費者の方が福島県の魚はいらないと言ったら、われわれ獲る必要なくなるでしょ。関係者ってのは、海外も含めて消費者でしょ。みんなが納得して流せば福島県の魚だって買うんですよ。納得してなけりゃ買わないでしょ。国のトップの官房長官が夏頃だなんて、なんで限定するんですか？　いちばん肝心なのは、一度立ち止まって、皆さんの話を聞くことでしょ。関係者が話し合って、納得したんだったら、トリチウムを流させてくださいと。ここに総理大臣も来て土下座でもして、流さしてくださいっつうんだったら分かっけんども、現場にこなくて何が分かるんですか？　あんたたちにここで言ったことが全部あがってくならいいですよ、絶対あがっていかないでしょ？　現場の声わかんないでしょ。岸田総理大臣は。

私はずっと魚を獲ってきたんですよ。海については100%答えられるけっど、放射能については答えることできないですよ。私はお願いしてるんだから。お願いしてるんだから、どうぞ。海は、一回汚せば、除染はできないし、われわれだけじゃなくて子子孫孫に多大な迷惑がかかるんだから。ほんとに。隣の宮城県だって、もう風評被害が始まってるっていうんだから。実害ですよ。

ほんとにお願いしたいのは、ね、岸田さんが「待ったなし」って。なにが「待ったなし」なんだか。「待った」はあるんです。いっかいほんとに立ち止まって、冷静に考えれば、子どもでも分かるんです。答えが。流せば、福島県がなくなる可能性もありますよ。福島県を捨てるんですか？　自分は放射能を知らなかった。これはね、自分も悪かった。ただ、いま流せば、またとんでもない事態が起きますよ。これ、あわてちゃだめですよ。冷静に考えて、いちど立ち止まって、「待ったなし」なんて、岸田総理は「私の判断で」なんて言わないで、冷静に考えれば子どもでも分かるんです。海に流しちゃだめだっつうことは。どうか、お願いします。海に流さないでください。

※この日の交渉は原発に反対する市民グループ10団体の呼びかけによるもの。（10団体とは、脱原発福島県民会議、双葉地方原発反対同盟、福島原発事故被害から健康と暮らしを守る会、フクシマ原発労働者相談センター、原水爆禁止日本国民会議、原子力資料情報室、全国被爆2世団体連絡協議会、原発はごめんだ！ヒロシマ市民の会、チェルノブイリ・ヒバクシャ救援関西、ヒバク反対キャンペーン）

郡山市に住む女性の話

（２０２３年８月30日、政府・東電との意見交換会の場で）

漠然とした質問で申し訳ないんですが、郡山、この近くに住んでいる者です。このたびは、このような会をご用意いただき、ありがとうございます。二つ質問させていただきます。具体的にすぐお答えしていただくような質問ではないので、胸にお持ち帰りいただき、次につないでいただければと思っています。

先日、この「処理水」、「汚染水」に関して対話の場を開く機会がありました。そこで感じたことは、今回の海洋放出は県民や国民、人が大切にされていない中での決定だと感じている人がたくさんいるということでした。

24日に海洋放出が始まったとき、それはとても唐突に感じられました。震災当時０歳と２歳、今では12歳と14歳になった子どもと、一緒にびっくりしながらニュースを見ていました。子どもも驚いていました。12年間かけてやっと取り戻してきたものは、目に見えないこともたくさんあり、言葉では言い尽くせないほどのものです。この知らせに、とても踏みにじられているような気持ちになり、もう何を言っても無駄じゃんと絶望しました。とても悔しかったです。

（※郡山市在住の方はまずこう語った。そして、この日の意見交換会に参加していた経済産業省と東京電力の担当者に対して、一人ひとりの名前を呼んで問いかけた。）

木野さんは「私くらい福島に残ろうかなあ」と、これまで福島に住まわれていることを知りました。このような意見交換会、説明会のたびに、こうして様々な人たちから怒りや苦しみや悲しみ、絶望感、無力感などをぶつけられた時、木野さん、高原さん、佐藤さん、ほか今日いらしている方たちは、ご自身が人として、傷つきを感じていますか？

長い目で見たとき、福島の海から「処理水」を流すということは、福島県民を、国民を、大切にする結果に結びつきますか？　人を大切にするということはどういうことだと思われますか？

これはすぐに答えられないことだと思います。「大切にしています」とか言ったらヤジが飛ぶと思いますので。お持ち帰りいただいて、また次回とか何かの機会にお話しいただけたら私は嬉しいなと思っています。よろしくお願いします。

岸田首相は「処理水の処分に関わる風評被害などに対処すべく、処分が完了するまで政治として責任を持って取り組む。今後数十年の長期にわたろうと全責任をもって対応する」。東電の小早川社長は「地元の信頼にこたえるためにも、重い責任を自覚し、県民や国民の信頼を裏切ってはならないとの強い決意と覚悟で、私が先頭に立って対応にあたる」。お二人はこう言っていると新聞に書いてありました。

海洋投棄は30年から40年続くと聞きました。ということは、この発言をした方たちは恐らくその時、生きておられるか分かりませんよね。すると、誰がその強い決意と覚悟、意志を受け継ぐのでしょうか？誰かと約束はされていますか？　そのあたりの具体的なお話までうかがいたいです。

40年後、そしてその先、担うのは今の子どもたちです。子どもたちに今回のことを正直に伝えて、意志を受け継いでもらえるか確かめて、「申し訳ないけど後は頼みます」と謝罪して、お願いしているのでしょうか？

今、「責任をもって対応に当たる」と言うなら、40年後のことも想定して、その覚悟と決意を受け継いでいくような意志を示していただけるよう、よろしくお願いします。岸田総理大臣はじめ西村経済産業大臣、東京電力の小早川社長にも、ぜひよろしくお伝えください。お持ち帰りいただいて、伝えていただきたいと思います。

最後に、私は今一人の親として、子どもたちに今回のことをどう伝えていいかいまだに分からず、すごく困っています。こうやって反対している人もいれば、放出がされてしまっていて、「安全だ」と説明される状況を、子どもたちにどういう風に伝えていいか分からないです。

子どもたちに堂々と示せるような、嘘で嘘を固めていないような、子どもたちがこんな大人になりたいと思えるような、こんな未来に暮らしていたら幸せだという日本を、世の中を、東電や国の皆さんを含め、みんなで一緒に作っていきたいので、どうか心ある対応を継続的にお願いします。以上です。

ベディ・ラスウレさんの動画メッセージ

（2022年12月17日、海洋放出に反対するオンライン集会で）

1946年に米国はマーシャル諸島での核実験を開始しました。その後50年にわたり、フランス、米国、英国は3―5回以上の核実験を太平洋の各地で繰り返しました。マーシャル諸島沖の大気圏内で爆発した核爆弾の威力の合計は広島型原爆の7千個に相当します。太平洋の核被災者の島々で行われた核実験の影響で今でも身体と心、環境への傷を負っています。

ロンゲラップの被爆者は家屋や水源に入り込んだ灰で遊んだと証言しています。彼らは石鹸かシャンプーと勘違いして頭につけたり子どもたちは雪だと思って食べたりもしました。数日後には髪は抜けはじめ、皮膚や体内は被曝しました。これらの地域の放射性降下物にさらされた人びとは白血病や甲状腺がんなどの罹患率が高いです。核実験の後に女性は高い率で流産し、出産後まもなくして息絶える、骨や眼球のない赤ちゃんを出産しました。

マーシャル諸島のルニット・ドームには10万立方フィートの放射性廃棄物が保管されています。廃棄物を移動しなければ気候変動の悪化により新たな核惨事が起こる可能性があります。撤去するという約束を米国は忘れたのでしょうか。

日本と東電による1―25万トンの放射性排水の太平洋への海洋投棄の決定にも反対です。私たちは核実験の悲惨な影響をよく理解しており、海や島、人々がさらに苦しむことを拒否します。リスクは大きすぎ、取返しのつかないことになります。

核問題を学べば学ぶほど、この島と子どもたちの将来がとても心配です。息子にもう海で遊べないのよとか、娘に海から大好きな食事が作れないのよと伝えることは想像できません。

【Chapter5】合意の捏造を支える者たち（福島県）

日本政府による「合意の捏造」。これは熱心な協力者がいなければ完成しない。筆者が協力者リストの最上位に位置づけているのは……

・・・・・・・・・・・・・・・・・・・・・・

2022年6月、福島県会津若松市に住む片岡輝美さんは内堀知事宛てに手紙を書いた。

福島県知事　内堀雅雄さま

県庁の前にて内堀県知事に訴えるアクションを行います。海はみんなのたからもの。今を生きる私たちだけのものではありません。ぜひ、県庁前に県内外から集まる市民の声を聴いてください。お待ちしております。

片岡さんは海洋放出に反対する市民の1人だ。同じ考えの市民有志が集まって6月21日に県庁前で街頭行動を行う。そのことを知らせるため、知事に手紙を書いたのだった。

この時期、内堀氏率いる福島県庁に注目が集まっていた。前年の21年4月、政府が2年後をめどに海洋放出する方針を決めた。それに合わせて東電も動き出した。重要なのは海底トンネルの工事だ。福島第一原発の沖合約1キロまで海底トンネルを掘り、その先端部から放出するという計画だった。東電からすれば、このトンネルを早急に完成させる必要があった。

だが、東電が本格的な工事を始めるにはまだ関門が残っていた。その一つが、「地元の了解を得られるか」という点だ。福島第一原発の立地自治体である福島県と大熊・双葉両町は、東電と安全確保協定を結んでいる。この協定には、東電が福島第一原発で大幅な設備変更をする時は「地元の事前了解が条件になる」と書いてある。約1キロにおよぶ海底トンネル工事は当然、大幅な設備変更だ。福島県など地元が同意しなければ、東電は工事をスタートできないことになっていた。

こうした状況下で、福島県庁の対応に注目が集まっていたのだった。海底トンネルが完成したら後戻りできない。止めるなら今しかない。内堀さん、最後の砦になってください——。はたして、片岡さんの思いは知事に届くのか？

「知事は工事の了解をしないでください！」
「放射能汚染水を海に流させないでください！」

6月21日正午、福島県庁の正面玄関前には１００人を超える市民が集まった。海の生き物を描いたブルーの旗を広げ、内堀知事がいる県庁舎に向かってかかげた。汚染水の海洋放出については安全性への懸念や漁業への影響など、さまざまな理由で反対の声がある。それを内堀知事に直接伝えようと、市民

9人がこの日の集会を呼びかけた。呼びかけ人の1人、武藤類子さん（福島県三春町）がマイクを握り、こう話した。

「漁業者をはじめ地方議会、海外からも多くの反対がある中で、政府は強引に方針を決めました。このようなやり方は民主主義に著しく反します」

市民は声を張り上げたが、内堀氏は姿を現さなかった。予想していたものの、やはり残念だ。県庁で原発問題を担当する原子力安全対策課の担当者は「集会が開かれたことは承知しています。事前了解については住民が信頼できる水準での安全性を確認した上で、最終的には県知事と両町長が判断します」と話した。

さて、片岡さんが書いた手紙は内堀氏の手に届いたのか。知事の秘書業務を取り仕切るのは「県庁秘書課」である。担当者に聞くと、意外な答えが返ってきた。「知事にその手紙が届いたかは確認できません。知事への面会申し入れや要望書などは、秘書課を経由して、担当課に回ります。秘書課では担当課が必要性を判断し、知事、副知事へと伝える流れになっていますので、知事が手紙を読んだかどうかは、秘書課では把握しておりません」

驚いた。この仕組みだと、担当課にとって不都合な情報は知事の目に触れないことにならないか。これで本当にいいのだろうか。

地方議会でも反対相次ぐ

福島で海洋放出に反対しているのは一部の市民だけではない。県内では自治体議会の半数超が海洋放出方針の「撤回」や「再検討」などを求める意見書を可決してきた。このことを軽視してはならない。

20年1月から22年6月までの間に、海洋放出をめぐって県内の自治体議会がどのような意見書を可決し、政府や国会などに提出してきたかを次ページの表に示した。福島県内には県議会を含めて60議会ある。筆者が調べたところ、そのうち9割近くの52議会が汚染水問題について2年半のあいだに何らかの意見書を可決していた。

意見書のタイトルや内容から、各議会の考えを【反対】、【慎重】、【早期決定】の三つに分けてみた。海洋放出方針の「撤回」や「再検討」、「陸上保管の継続」などを求める【反対】派は31議会で、全体の半分を占めた。「反対」とは明記しないが、「風評被害対策」や「丁寧な説明」などの対応を求める【慎重】派は16議会。双葉、大熊両町など5議会が【早期決定】派だった。

また、意見書を出していない8議会も当然関心はある。飯舘村議会は22年5月、政府に対して「丁寧な説明」「正確な情報発信」「風評被害対策」を求める要望書を提出。富岡町議会は21年5月に全員協議会を開き、汚染水問題について議論している。

ただし、反対派に分類した31議会のうち、10議会は21年4月13日の政府方針決定前に意見書を提出し

汚染水問題に関する自治体議会の意見書

【反対】＝31議会

海洋放出に反対。政府方針の「撤回」「再検討」「陸上保管の継続」

●2021年4月の政府方針決定後

いわき市、白河市、喜多方市、相馬市、二本松市、田村市、南相馬市、桑折町、川俣町、大玉村、西郷村、泉崎村、石川町、浅川町、古殿町、三春町、会津坂下町、下郷町、只見町、南会津町、新地町

●政府方針決定前

郡山市、国見町、鏡石町、中島村、矢吹町、矢祭町、平田村、磐梯町、猪苗代町、会津美里町

【慎重】＝16議会

「丁寧な説明」「風評対策」「理解醸成」が必要

●2021年4月の政府方針決定後

福島市、会津若松市、天栄村、湯川村、柳津町、金山町、昭和村、浪江町、福島県

●政府方針決定前

伊達市、本宮市、須賀川市、鮫川村、小野町、西会津町、桧枝岐村

【早期決定】＝5議会

「処分方法の早期決定」に力点を置いて国の対応を求める

●2021年4月の政府方針決定後

●政府方針決定前

広野町、楢葉町、大熊町、双葉町、葛尾村

【意見書なし】＝8議会

棚倉町、塙町、玉川村、北塩原村、三島町、富岡町、川内村、飯舘村

※2020年1月～22年6月議会までの動向

ていた。この点は要注意である。この10議会がその後も「反対」を維持しているとは限らないからだ。（たとえば郡山市議会は、20年6月議会で「反対」の意見書を可決。だが、政府方針決定後は「再検討」や「陸上保管の継続」を求める市民団体の請願書を賛成少数で不採択としている。会議録を読むと、「国の方針がすでに決まり、風評被害対策や県民に対する説明を細やかに行うと言っているのだから様子を見よう」という趣旨の発言が出ていた。）

だが筆者はむしろ、全体の3分の1を超える21議会が政府方針決定後もあきらめずに「反対」の意見書を可決してきたことを重視したい。

前述の通り政府・東電は15年夏、福島県漁連に対して〈関係者の理解なしにはいかなる処分も行わない〉と約束している。漁業者たちはその後も反対の姿勢を崩していない。それなのに海洋放出の方針を一方的に決めた。各議会の意見書を読むと、そのことに対する怒りが伝わってくる。

〈漁業関係者の10年に及ぶ努力と、ようやく芽生え始めた希望に冷や水を浴びせかける最悪のタイミングと言わざるを得ない〉

（いわき市議会）

〈廃炉・汚染水処理を担う東京電力のこの間の不祥事や隠ぺい体質、損害賠償への姿勢に大きな批判が高まっており、県民からの信頼は地に落ちています〉

（二本松市議会）

東電の柏崎刈羽原発（新潟）では20年9月、運転員が同僚のＩＤカードを不正に使って原発内の重要な区域を出入りしていたことが発覚した。外部からの侵入を検知する設備が故障したままになっていたことも分かった。原発事故後も続く同社の体たらくを見ていれば、「こんな会社に任せておいていいのか？」という気持ちになるのは無理もない。

福島市議会や会津若松市議会などの意見書は、海洋放出に「反対」とは明記しないものの、「風評被害対策」や「丁寧な説明」などの対応を求めている。筆者はこうした議会を「慎重派」に区分したが、各議会の考えには濃淡がある。

たとえば浪江町議会は「本音は反対」というところだ。同議会は、意見書という形ではないものの、海洋放出に反対する「決議」を20年3月議会で可決している。そのうえで、21年6月議会で「県民への丁寧な説明」や「風評被害への誠実な対応」を求める意見書を可決した。会議録によると、議案を提出した議員は、〈あくまでも私、漁業者としての立場としてはもちろん反対であります。これはあくまでも前提としてご理解ください〉と話している。海洋放出には反対だが、それでも放出が実行されつつある現状での苦肉の策として、風評被害対策などを求めるということだろう。

一方、福島県議会が22年2月議会で可決した意見書もこのカテゴリーに入るが、こちらは海洋放出を前提としているというか、むしろ促進している印象を抱かせる書き方だった。

〈海洋放出が開始されるまでの残された期間を最大限に活用し、地元自治体や関係団体等に対して丁寧に説明を尽くすとともに（以下略）〉

もちろん、第一原発が立つ大熊、双葉両町など原発に近い自治体議会が、処分方法の「早期決定」を求めていたり、意見書を提出していなかったりすることも重要だ。原発に近い地域ほど「汚染水を早くどうにかしてほしい」という気持ちが強い。ここが難しいところである。汚染水問題への考えは地域によって様々だ。だからこそ粘り強く議論を続けなければならない。この点で言えば、喜多方市議会が21年6月に可決した意見書の文面がしっくりくる。

〈今政府がやるべきことは、海洋放出の結論ありきで拙速に方針を決定するのではなく、地上保管も含めたあらゆる処分方法を検討し、市民・県民・国民への説明責任を果たすことであり、国民的な理解と納得の上に処分方法を決定すべきである〉

あっさりと事前了解

海洋放出はダメだと声を上げる市民たちがいる。市町村議会も「反対」「慎重」の意見が大勢である。そんな中、福島県はどう動くのか。

22年8月2日、内堀氏は双葉・大熊の両町長と共に、東電ホールディングスの小早川智明社長を県庁に呼び出し、こう語った。

「検討した結果、了解することとします」

福島県が東電の海洋放出工事にゴーサイン（事前了解）を出した瞬間だった。小早川氏は深く頭を下げ、内堀氏から事前了解に関する文書を受け取った。内心胸をなで下ろしていたことだろう。長年の懸案事項が大きく前進するのだから。この翌日、東電は早速記者会見を開き、「明日から工事を開始します」と発表した。

汚染水の処分方法を決めるのは、一義的には国だ。福島県は意見を言うことはできるが、決定権は持たない。しかし、海洋放出に「待った」をかけるチャンスなら、少なくとも1回はあった。そのチャンスというのが、今回の「事前了解」のタイミングだった。

ところが、福島県はいとも簡単にゴーサインを出してしまった。この「事前了解」について、筆者は僭越ながら内堀氏の政治手腕に疑問符をつけざるを得ない。東電に事前了解を伝えた同日、内堀氏は報道陣に対して、「県民および国民の理解が十分に得られているとは言えない」とも語った。この発言について、県庁原子力安全対策課の担当者は、「事前了解は海洋放出設備の安全面について確認しただけです。海洋放出自体を容認したわけではないというのが、内堀知事の考えです」と説明する。

だが、この説明は詭弁ではなかろうか。「理解が十分ではない」と認識しているなら、内堀氏には「納得するまで事前了解しない」という判断もあり得たはずだ。工事を始めることができなければ政府や東電は慌てるだろう。漁業者らへの補償に加え、市民を招いた公聴会なども積極的に開くのではないか。そうして初めて汚染水問題の議論は深まり、内堀氏の言う「理解」は広がる（付言すれば、議論の末、「海洋放出は再検討すべき」という結論に至る可能性も残しておくべきである）。ところが工事にゴーサインを出した後では、福島県に「待った」をかける手立てはない。極端な書き方をすれば、国と東電が海洋放出を強引に進めたとしても、福島県は指をくわえて見ているしかない。政治的駆け引きを行い、政府と東電からもっと真摯な対応を引き出す。本当の合意に近づく努力をさせる。そういうチャンスはあったはずなのに、内堀氏は自ら放棄した。そうは言えないだろうか。

国にもの申さず

内堀氏は長野県出身の元総務官僚。２００１年に生活環境部次長として福島県庁に出向し、その後県庁内で昇進を続けてきた。副知事だった11年に原発事故が起き、14年から知事職に就いている。官僚出身の政治家らしく、その強みは「国とのパイプ」。復興予算を獲得する手腕には一定の評価があるものの、国に対して物を申さない姿に不満を抱く県民もいる。過去の記者会見をチェックすると、内堀氏の「国にお任せ」スタンスが今回の海洋放出問題でもはっきり表れているのが分かる。

・２０１８年11月12日（知事二期目開始直後の記者会見）

記者「今課題になっているトリチウム処理水に関して、二期目でどのような方向性を示すよう求めるのかをお伺いします」

知事「様々な意見が県民の皆さん、あるいは全国的にもあります。直接関わってくる漁業者の皆さんの御意見もある。そういったものを踏まえて議論を深め、とにかく慎重に検討を進めることを政府・東京電力に対して広域自治体である県としてしっかりと申し上げていきたいと考えております」

県としての考えを問われているのに、内堀氏は「政府・東電に検討を求める」と答えるだけだった。記者会見では同様の質問が何度も出たが、内堀氏はその都度、同じ答えを続けた。。

・20年12月28日

記者「政府の方針決定が越年することになりました。これに対する受け止めを教えてください」

知事「国において慎重に対応方針を検討しているところと受け止めております」

・21年4月12日（政府の海洋方針決定の前日）

記者「政府は、明日にも海洋放出方針を正式に決定する見通しになりました。福島では漁業者を中心に海洋放出に強く反対する声がまだまだあるのが現状です。このような中での方針決定について、知事としてどのように感じているかを伺います」

知事「国においては、こうした全漁連を始め、関係団体や自治体等の意見を真摯に受け止め、慎重に対応方針を検討していただきたいと考えております」

記者「方針決定がされた後に、県として言うべきことを言っても、それでは遅いという声が挙がっています」

知事「御意見として承ります」

内堀氏は頑なに自分の意見を述べなかった。これを「ぶれない対応」と評価する人はいるだろうか？筆者はそう考えない。汚染水の処分方法を決める責任者は国だ。しかし、国の判断が県民に大きな影響を及ぼすのだから、どんな判断が望ましいのか、福島県は自分の意見を述べるべきだった。特に海洋放出への賛否については県内市町村の中でも意見が分かれていた。だからこそ、県がリーダーシップをとってさまざまな市町村のつなぎ役となり、地元としての一定の方向性をまとめ、国に突きつけるべきだった。

市町村が「自分の頭で考える」のはやはり限界があるだろう。たとえば汚染水の問題について政府がつくる「小委員会」や「タスクフォース」の議論に疑念を抱いても、市町村単位で専門家を集めたり、職員自身が勉強したりして対抗するのはマンパワーの問題で難しい。だが、県にはそれができるはずだ。佐藤栄佐久知事時代の２００２年、原発政策を根本から考え直そうとして、県エネルギー政策検討会が「中間とりまとめ」を発表したことは広く知られているところだ。国の決定を待つだけでなく、独自に検討するだけの潜在能力が県にはある。残念ながら内堀氏は、汚染水問題についてその力を駆使しようとはしなかった。当初からそれをせずに「国において検討を」とくり返したのは、国に対する信頼が厚いからなのか。「国にものを申さない」のが内堀氏の政治的スタンスなのではないか。汚染水よりも本質的な「原発の是非」をめぐる発言を読むと、そう思えてしまう。

・2016年4月18日（熊本地震に関連して原発への考え方を問われて）

知事「一つは、福島県で起きた甚大な原発事故、この反省と教訓を真剣に踏まえること。そしてもう一つは、住民の安全安心を最優先に対応する。この二つの視点に則って、国が責任をもってこの原発問題について真摯に臨むべきであると考えております」

・2020年11月17日（宮城県が女川原発2号機の再稼働に同意した際、福島県が明確な意見を述べなかったことについて）

記者「福島県は県内全基廃炉という道筋としましたが、原発が県外にあることについて、何も言わないというのはどのような理屈でしょうか」

知事「福島県内の原発の全基廃炉（決定までに）は非常に長い時間がかかりました。佐藤雄平知事、また、私が知事になってからも、東京電力と政府に対し、毎年継続して訴えていく中で、結果として、全基廃炉の方向性が形となりました。（中略）原子力政策については、福島第一原発事故の教訓、現状を踏まえるべきであること、また、住民の安全・安心を最優先にするべきであること、さらには、二度と福島第一原発のような過酷な事故を起こしてはならないというメッセージを、私自身が国内外に発信しているところであります」

県内の原発は「全基廃炉」を掲げているのに、なぜ全国の原発についてシンプルに「ダメだ」というメッセージを出せないのか。福島県は東京電力の電気を使っていない。女川原発を運転する東北電力の管内だ。他県の原発で作られた電力を使うことに違和感はないのか。官僚としてはこれでいいのかもしれないが、政治家としては自らの信念が必要となってはこないか。

最後もすんなりと了解

内堀氏の「国にもの申さず」の姿勢は最後まで変わらなかった。

事前了解から1年後の２０２３年8月22日午後、西村康稔経産相が福島県庁を訪れた。同日午前に関係閣僚等会議が開かれ、２日後の海洋放出スタートが決まった。そのことの報告だ。福島県からしてみれば「事後報告」の形だ。怒ってもいいように思うが、内堀氏は淡々と対応した。

「県内は新たな風評が生じるのではないかという強い懸念と、一日も早い復興を成し遂げなければならないという思いとの葛藤を抱えています」

内堀氏はこう語り、安全確保や風評対策、水産業の被害への賠償などを要望するにとどまった。内堀氏が求めたのは、政府がもともと「やる」と言っていたものばかりだ。つまり何も言っていないに等しい。政府にとってこれほど楽な展開はない。

8月24日、政府・東電は予定通りに海洋放出を始めた。内堀氏が放出後初めて福島第一原発を視察したのは9月4日のことだった。視察の様子を地元紙はこう報じた。

〈内堀知事は「海水で薄めたとはいえ、これだけの量が放出されていくんだなと複雑な思いを持った」と視察を振り返り、「なぜ漁業者、県民の反対がある中で海洋放出せざるを得ないのか」と胸の内を吐露。（中略）「二度と国内で、世界で、こうした過酷な原発事故を起こしてはならない」と語気を強くした。〉

（9月5日付福島民報）

実際に始まってから「なぜ海洋放出せざるを得ないのか」と胸の内を吐露しても「後の祭り」である。内堀氏の言う通り、地元福島の合意は不十分だ。そんな中での海洋放出を許したのは、内堀氏率いる福島県庁に他ならない。

★コラム★メデューサか、ピューティアか

第4章で紹介したトリチウム水タスクフォースの第11回会合。リスクコミュニケーションの専門家として招かれた大阪大学の小林傳司教授は、リスクの分類に関してギリシャ神話に絡めて説明した。

ダモクレス（Damocles）は王の家臣。ある日、王の玉座に座ると、頭上には一本の剣が髪の毛だか糸だかで吊るされていた。剣が落ちれば自分は死ぬ。ダモクレスは王という地位がいかに危ういものかを知る。リスク分類の世界では「発生確率は低いが、起きた時の被害が非常に大きい」タイプのリスクを「ダモクレス型」と呼ぶ。たとえば原発事故がその代表例だ。ピューティア（Pythia）はギリシャの神殿にいた巫女。予言の力をもつが、その予言はとても曖昧だ。これにちなんで科学的、合理的に考えても発生確率や被害の程度がはっきりしないリスクのことを「ピューティア型」と呼ぶ。また、メデューサはその目を見ると石に変えられてしまうという恐怖の怪物。科学的に考えれば発生確率は低いし、被害の程度は小さいが、人びとを恐怖に陥れるようなリスクが「メデューサ型」である。汚染水をめぐる問題はどのタイプに当たるか。小林氏はこう語った。

小林氏「専門家の観点から言うと、トリチウム水そのものに対するリスクとか人体の危険性はそんなに大きくない、しかし人々は納得しないというふうに考えるのであれば、メデューサ型というふ

うに言えなくはありません。しかし、本当にそうかということを考えてみたときに、実は損害の程度が不確実で、生起確率も不確実で、よくわからないというふうに人々が思っているとすれば、これはピューティア型になってくると思います。両方の側面があるので、そこがずれている可能性があります。つまり、専門家はこれ実はメデューサ型だと思っているんだけれども、社会のほうはピューティア型だと思っているかもしれない」

リスクの概念図

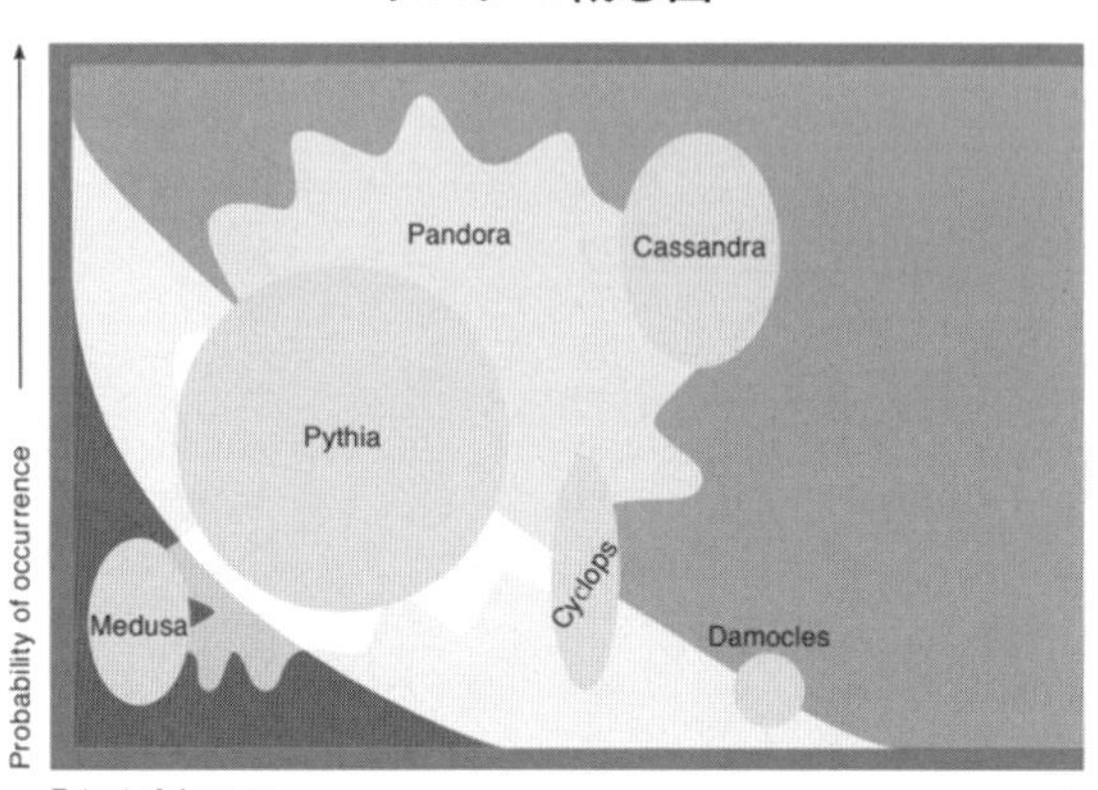

	被害程度	発生確率	リスク管理のための行動戦略
ダモクレス	大きい	低い	被害の可能性を低くする／確率がどれくらいか確定する／不意打ちがないようにする／緊急の危機管理体制を整える
サイクロプス	大きい	不確定	
ピュティア	不確定	不確定	事前警戒原則を採用する／代替策を開発する／知識を改善する／リスク源を減らしたり封じ込める／緊急の危機管理体制を整える
パンドラ	不確定	不確定	
カサンドラ	大きい	高い	リスクに対する意識を喚起する／リスク管理の信頼性を高める／代替策を導入する／知識を改善する／状況の変化に応じた管理
メデューサ	小さい	低い	

出典：文部科学省の冊子「リスクコミュニケーション案内」（元データはRenn,D. & Klinke, A.（2001）, Systemic risks: A new challenge for risk management. EMBO Rep.）

日本政府は海洋放出のリスクをメデューサ型だと思わせておきたいのだろう。そのための手段が一連の海洋放出プロパガンダである。しかしそのリスクをピューティア型だと認識すれば、対策は自ずと変わってくる。

上の表は文部科学省の冊子から引

用している。ピューティア型のリスク管理戦略には「事前警戒原則の採用」や「代替策の開発」が挙げられている（※事前警戒原則とは予防原則のこと。いったん被害が起きたら取り返しがつかない場合、科学的に不確実でも予防措置を講じるべきだという考え方）。

【Chapter6】合意の捏造を支える者たち（マスメディア）

「合意の捏造」は行政の力だけでは成し遂げられない。政府がでっちあげた合意の種を国じゅうにばらまき、草を伸ばし、花を咲かせた者たちがいる。

・・・・・・・・・・・・・・・・・

29ページの表をもう一度見てほしい。

「ALPS処理水の処分に伴う福島県及びその近隣県の水産物等の需要対策等事業」というものがある。予算枠は2億5千万円。受注したのは読売新聞東京本社である。

具体的にはどんな事業なのか。これがなかなか、知ることができない。読売新聞に直接聞いてもどうせ答えないだろう。だから筆者は経産省に対して、この事業にかかわる読売新聞側の企画提案書や、経産省と読売新聞が交わした仕様書を開示請求した。省庁への情報開示請求は原則60日以内に開示されるのがルールだ。しかし経産省は「特例規定」という制度を持ち出し、期間内の情報開示を拒んだ。「対象の書類が大量で、開示するには相手企業などに確認する必要もあり、60日以内の開示決定は通常の業務に著しい支障を生じさせる」というのが特例延長の理由だった。

最長で1年間開示を延長するという。冗談じゃない。1年も待っていたら海洋放出が始まってしまう。ということで情報開示の線はいったんあきらめて自分で調べるしかない。

経産省が『風評』対策の最近の動向」という資料を作っていることは前にも書いた。こんなにたくさんのことをやっていますというアピールだ。２０２３年３月の資料の中にこういうものがあった。

〈東京ドームにおけるプロ野球オープン戦において、三陸常磐水産品の魅力を発信。また、３月29日には、読売新聞朝刊全面広告にて、本取組が取り上げられた〉

三陸・常磐産品の魅力や安全性について発信する取組② 販促・魅力発信 3

■ 「ごひいき！三陸常磐キャンペーン」の第３弾として、漁業関係者の皆様にご協力を頂きながら、東京ドームにおけるプロ野球オープン戦において、**三陸常磐水産品の魅力を発信**。
■ また、３月29日には、読売新聞朝刊全面広告にて、本取組が取り上げられた。

オープン戦の様子

これだ。誰だってピンとくる。東京ドーム、オープン戦ときたら読売新聞社が絡んでいるのはまちがいない。しかも、このイベントの様子は読売新聞朝刊の全面広告で伝えられたという。さっそく図書館で過去の紙面を調べてみると、確かに朝刊19ページにでかでかと、この日のことが載っていた。

キャンペーン名は「ごひいき！三陸常磐キャンペーン」というそうだ。調べてみるとこの事業は翌23年度も実施されていた。23年度の公募要領にはこう書いてあった。

原則として令和4年度に実施した事業（「ＡＬＰＳ処理水の処分に伴う福島県及びその近隣県の水産物等の需要対策等事業」）において展開した「ごひいき！三陸常磐キャンペーン」のもとに実施することとする。

裏がとれた。読売新聞東京本社が請け負った海洋放出プロパガンダは、この「ごひいき！キャンペーン」だった。ちなみに23年度の予算枠も前年と同じ2億5千万円。受注したのはもちろん同じ読売新聞東京本社である。

新聞記事でも海洋放出ＰＲを展開

権力を監視するウォッチドッグ（番犬）たるべき報道機関が、政府の海洋放出プロパガンダを請け負ってしまっていた。なんとも嘆かわしい事態だ。「ごひいき！キャンペーン」は一民間企業として請け負っただけで、「報道」の分野には影響を与えていない、と言うかもしれない。本当だろうか。調べてみた。

三陸・常磐 海の幸集結

経済産業省が宮城県や福島県の漁協などと協力して実施する「ごひいき！三陸常磐キャンペーン」

が1日、よみうりランド（東京都稲城市、川崎市）で始まった。三陸・常磐エリアの海の幸をPRするキャンペーンの第1弾。31日までの期間中、園内の飲食店で「常磐ものの魚カツカレー」「福島りんごフラッペ」などのメニューが楽しめる。（以下略）

南三陸に新施設
宮崎 震度5弱
武村正義さん死去
元新党さきがけ代表
貴金属は、いりません!!
売ってください!!
上記以外も扱いますので、お気軽にご連絡下さい。
BBC Proms

右の文章は22年10月2日付読売新聞朝刊28ページの記事から抜粋したものだ。広告欄ではなく、純然たる報道のスペースである。右隣には「宮崎で震度5弱」、左隣には「元新党さきがけの武村正義さん死去」の記事が載っていた。

しかも読売がずるいのは、記事の中でこのキャンペーンの主体をきちんと示していないことだ。経産省が宮城や福島の漁協と協力して実施と書いているが、実際に経産省の手脚となって動いているのは読売新聞東京本社である。記事はそのことを書いていない。新聞の読者は、読売とは全く関係ない経産省事業について記者が独自にニュース価値ありと判断し、記事にしたと思うだろう。読者をだましていることにはならないか。

読売新聞は海洋放出について、社説でこのように書いている。

処理水海洋放出　国際社会に安全性を訴えよ（21年4月25日）

東京電力福島第一原子力発電所に貯蔵されている処理水の放出は、国際的に認められた方法で行われる。対外発信を強化し、国際社会に妥当性を訴える必要がある。

処理水海洋放出　風評被害対策に全力を尽くせ（21年8月31日）

漁業関係者は原発事故以降、海産物の売り上げ減少に苦しんだ。ようやく回復してきただけに、再び苦境に陥らぬよう、風評被害対策に万全を期してほしい。ただ、東電への信頼は十分に回復していない。中国や韓国は放出をことさら危険視して批判し、不安をあおっている。政府や第三者機関が周辺海域を監視し、国際原子力機関（ＩＡＥＡ）にも評価してもらうことが有効だろう。

処理水放出了承　安全性周知へ情報発信強めよ（22年5月21日）

地元の漁業関係者らは、処理水の放出が海産物の風評被害につながりかねないと訴えており、反対意見が根強い。政府は、漁業関係者らの声に耳を傾け、有効な風評被害対策を探ってほしい。（中略）政府と東電は、情報発信を強化し、安全性に対する国民の理解が深まるよう努めねばならない。

読売新聞は「海洋放出は安全。課題は風評だけ」という日本政府の考え方を１００％踏襲していると言っていい。しかし、まさしくこの件で政府から最大約5億円のPR事業を受注している会社の社説に説得力はあるだろうか。

読売新聞はやや異例だが、本書も紹介してきた通り、多くのテレビや新聞が政府にCMや広告枠を提供してきた。政府の海洋放出プロパガンダに乗っかって利益を得ているという点では、ほかのマスメディアも同じだ。なんとも情けない事態である。

現場にいる個々の記者はそんなことに頓着せず取材にあたっているのだろうと思う（少なくともそう思いたい）。だが、そうしたCMや広告に日々接する視聴者・読者からすれば、このメディアは「お客様」（政府）がやろうとしている海洋放出を正当にウォッチできるのか、という疑問が当然出てくる。報道機関としての矜持があるならば、社として海洋放出に関する経産省のCM、広告はすべて断ったほうがいい。

地元オールメディアによる風評払拭プロパガンダ

マスメディアが海洋放出プロパガンダに加担する状況は、地元福島も変わらない。いや、もっとすごいことになっている……。

◇　◇

水槽の中を悠然と泳ぐ魚たち。それを中年男性2人が凝視するシーンから番組は始まる。

福田「海をリアルに再現してるよなー」
益子「いやー、すごいねー。種類も多いし」
福田「興奮するわ」
益子「こりゃあテンションあがったよ。あれ？（後方のカメラに気づく）あ、いやいやこりゃすいません（ぺこりと頭を下げる）」
福田「どうも、U字工事です」

U字工事は栃木なまりのトークが人気の芸人コンビだ。ツッコミの福田薫とボケの益子卓郎。益子の「ごめんねごめんね〜」というギャグは一時期けっこう人気を集めた。

福田「えー、ぼくらがいるのはですね。福島県いわき市にあります、アクアマリンふくしまです」
益子「旅発見はあれだね。福島に来る機会が多いっすね」
福田「やっぱ栃木は海なし県だから、海のある県に行きたがるよね。で、前にきたときも勉強したけど、福島の常磐もの、なんで美味しいかおぼえてる?」
益子「おぼえてるよ！　こういう、（右腕をぐるぐる回して）海のながれだよ」
福田「ざっくりとした覚え方だな」
益子「海の、（さらに腕を回して）ながれだよ！」
福田「ちょっと怪しい気もするんであらためて勉強しましょう、ちゃんとね」

これは「U字工事の旅！発見」というテレビ番組のオープニングだ。アクアマリンを訪れた２人はこのあと土産物店「いわき・ら・ら・ミュウ」に寄ってイセエビを味わうなどする。30分番組で、２人の地元とちぎテレビで22年1月にオンエア後、福島テレビ、東京ＭＸテレビ、ＫＢＳ京都など、12都府県のテレビ局で放送されたという。

実はこの番組、福島県の予算が入っている。県庁と地元メディアが一体化した水産物の風評払拭プロパガンダの一つである。

21年7月、福島県はある事業の受注業者をつのった。「ふくしまの漁業の魅力体感・発信事業」が正式名称。「オールメディアによる漁業の魅力発信業務」という別名もついていた。事業の資料にはこう書いてあった。

【事業の目的】本県の漁業（内水面含む）が持つ魅力や水産物のおいしさなどをテレビ、新聞、ラジオの各種メディアと連携し、継続的に県外へ発信することで、県産水産物に対する風評を払拭し、消費者の購買意欲を高める。

【委託費上限額】１億２千万円

公募から２か月後に受注業者が決まった。福島民報社だ。そして同年11月以降、県内のテレビと新聞に〈ススメ水産、福島産。〉のキャッチコピーがあふれだす。

●21年11月18日付福島民報1面

【見出し】「ススメ水産、福島産。」きょう開始　常磐もの応援　県、県内全メディアとPR

【本文の一部】東京電力福島第一原発事故に伴う県産水産物への風評払拭に向け、県は十八日、福島民報社など県内全メディアと協力した魅力発信事業『ススメ水産、福島産。』キャンペーンを開始する。本県沿岸で水揚げされる魚介類「常磐もの」のおいしさや魅力を多方面から継続的に発信し、販路拡大や消費拡大につなげる。（2面に関連記事）

ページをめくって2面には、県職員とメディアの社員が一列に並んで「ススメ水産」のポスターをかかげる写真が載っていた。新聞は福島民報と福島民友。テレビは福島テレビ、福島中央テレビ、福島放送、テレビユー福島。それにラジオ2社（ラジオ福島とエフエム福島）を加えた合計8社だ。写真記事の上には「オールメディア事業」を発注した県水産課長のインタビュー記事があった。

――県内全てのメディアが連携するキャンペーンの狙いは。

課長「県産水産物の魅力を一番理解している地元メディアと協力することで、最も正確で的確な情報発信ができると期待している。」

――これからのお薦めの魚介類は。

課長「サバが旬を迎えている。十二月はズワイガニ、年明けはメヒカリがおいしい時期になる。『常磐もの』を実際に食べ、おいしさを体感してほしい。」

1、2面の記事をつぶさに見ても、この事業が1億2千万円の予算を組んだ県の事業であり、その金が福島民報など地元メディアに落ちていることは書いてなかった。

広告費換算で8倍のPR効果？

そしてここから8社による怒涛の風評払拭キャンペーンが始まった。

民報は毎月1回、「ふくしまの常磐ものは顔がいい！」という企画特集をはじめた。常磐ものを使った料理レシピの紹介だ。通常記事の下の広告欄だが、けっこう大きな扱いでそれなりに目立つ。民友も記事下で「おうちで食べよう！ふくしまのお魚シリーズ」という月1回の特集をスタート。テレビでは、福テレが人気アイドルＩＭＰＡＣＴｏｒｓの松井奏を起用し、同社の情報番組「サタふく」で常磐ものを紹介。福島放送の系列では全国ネットの「朝だ！生です旅サラダ」でたけし軍団のラッシャー板前がいわきの漁港から生中継。テレビユー福島がつくった「さかな芸人ハットリが行く！ ふくしま・さかなウオっちんぐ」というミニ番組は東北や関東の一部で放送され……。

きりがないのでこのへんにしておく。各社が「オールメディア事業」として展開した記事や番組の一部を表1にまとめたので見てほしい。

表1

オールメディア風評払拭事業
2021年度「実績」の一部

関わったメディア	日時	記事・番組名	記事の段数・放送の長さ	内容
福島民報	11月27日	ふくしまの常磐ものは顔がいい！シリーズ	5段2分の1	ヒラメの特徴の紹介と「ヒラメのムニエル」レシピの紹介
	11月28日	本格操業に向けて～福島県の漁業のいま～	3段	相馬双葉漁業協同組合　立谷寛治代表理事組合長に聞く「常磐もの」の魅力
福島民友	11月30日	おうちで食べよう！ふくしまのお魚シリーズ	5段	本田よう一氏×上野台豊商店社長対談と「さんまのみりん干しと大根の炊き込みご飯」レシピ
福島テレビ	12月25日	IMPACTors松井奏×サタふく出演企画「衝撃！FUKUSHIMA」	25分	「サタふく」コーナー。人気アイドルの松井さんが常磐ものの美味しさを紹介
	1月13日	U字工事の旅！発見	30分	常磐ものの魅力を漁師や加工者の目線、さまざまな角度から掘り下げ、携わる人々の思いを伝える
福島放送	11月20日	朝だ！生です旅サラダ	11分	「朝だ！生です旅サラダ」人気コーナー。ラッシャー板前さんの生中継
	1月15日	ふくしまのみなとまちで、3食ごはん	55分	釣り好き男性タレント三代目JSOUL BROTHERS山下健二郎さんが、福島の港で朝食・昼食・夕食の「三食ごはん」を楽しむ
テレビユー福島	12月5日	さかな芸人ハットリが行く！ふくしま・さかなウオっちんぐ	3分	サカナ芸人ハットリさんが実際に釣りにチャレンジし、地元で獲れる魚種スズキなどを分かりやすく解説
	1月23日	ふくしまの海まるかじり　沿岸縦断ふれあいきずな旅	54分	「潮目の海」「常磐もの」と繁栄したふくしまの漁業の魅力を発信・ロケ番組
ラジオ福島	12月14日	ススメ水産、福島産。ふくしま旬魚	5分	いわき市漁業協同組合の櫛田大和さんに12月の水揚げ状況や旬な魚種、その食べ方などについて伺いました
エフエム福島	11月18日	ONE MORNING	10分	福島県で漁業に携わる、未来を担う若者世代に取材

※「令和３年度ふくしまの漁業の魅力体感・発信事業」実績報告書を基に筆者作成。
※系列メディアが番組を制作・放送している場合もある。新聞記事の文字数は１行あたり十数字。それがおさまるスペースを「段」と呼ぶ。「３段」で通常記事の下の広告欄が埋まるイメージ。

「オールメディア風評払拭事業」とはいったいどんなものかが分かってきた。福島県というお代官様が「余の領地の魚をぴーあーるせよ」と、小判をたたみの上に置く。福島民報社という出入りの商人が「ははーっ」とそれをちょうだいし、ライバルの商人たちを集めて、「代官様がこう言っておる」とその趣旨を伝える。「では、うちは料理紹介の連載を」「うちは芸人を使ったばらえてぃーを」と、商人たちがそれぞれ知恵をしぼり、代官が喜びそうなぴーあーる策を練る――。時代劇風に書けばこんな感じだろう。

この事業の実績報告書がある。福島民報社がつくり、県の水産課に提出したものだ（※本稿で紹介している番組や記事についての情報はこの報告書に依拠している）。

さてこの報告書が事業の効果を検証している。書いてあった目標は「広告費換算1億2千万円以上」というもの。報告書によると「新聞・テレビ・ラジオでの露出成果や認知効果を、同じ枠を広告として購入した場合の広告費に換算し、その金額を評価」するという。つまり、1億2千万円の事業費を広告に使った場合よりもPR効果があればいい、ということのようだ。

報告書によると、気になる広告費換算額は9億6570万円だったという。「目標額である1億2千万円を大きく上回ることができた」と福島民報社の報告書は誇らしげに書いていた。要するに、「お代官様、8分の1にお安くしておきました！」と言っているのと同じだ。

ちなみに効果の検証法はもう一つあって、インターネットでのアンケート調査だ。県産水産物を〈積極的に買いたい・買ってもよい・あまり買いたくない・買いたくない（買わない）〉の4択から選んでもらうというもの。

報告書によると、結果は「積極的に買いたい」が13・67％、「買ってもよい」が62・67％で、合計76・34％だったという。

報告書は「目標値である50％を約26％上回る結果を得た。消費者の購買意欲を高めることに貢献できた」としている。しかし、アンケートのサンプル数は300だけで、聞き取り対象の居住地も東京都に限られている。効果の検証としては甘すぎる。

報道の信頼性に傷

ここでも先ほどの読売新聞に対してと同じ点を指摘せねばなるまい。筆者が一番おかしいと思うのは、このオールメディア風評払拭事業が「聖域」であるべき報道の分野まで入り込んでいることだ。これまで紹介したのは新聞の企画特集やテレビの情報番組だ。こういうのはまだいい。しかし、報道の分野は話がちがってくる。新聞の通常記事やテレビのニュースには客観性、中立性が求められるし、「スポンサーの意向」が影響することは許されない。ましてや今回スポンサーとなっている福島県は「行政機関」という一種の権力だ。権力とは一線を画すのが、ウォッチドッグ（番犬）たる報道機関が信頼を保つためのルールである。

ところが福島県内の地元マスメディアにおいてはこのルールが守られていない。今回のオールメディア風評払拭事業について、県と福島民報社が契約の段階で取り交わした委託仕様書を読んでみよう。各メディアにどんなことをしてほしいかが書いてある。

〈テレビによる情報発信は、産地の魅力・水産物の安全性を発信する企画番組（1回以上）、産地取材特集（3回以上）、イベントや初漁情報等の水産ニュース（3回以上）を放映すること〉、〈新聞による情報発信は、水産物の魅力紹介等の漁業応援コラム記事を6回以上発信すること〉

ニュース番組でも水産物PRを行うことが委託の段階で織り込まれていたことが分かる。

次に見てほしいのが、先述した福島民報社の実績報告書だ。報告書は新聞の社会面トップになった記事や、夕方のテレビで放送されたニュースをプロモーション実績として県に報告していた。

●21年12月16日付福島民友2面

【見出し】「常磐もの」新たな顔に伊勢エビ、トラフグ追加　高級食材加え発信強化
【本文の一部】県は「常磐もの」として知られる県産水産物の「新たな顔」として、近年漁獲量が増えている伊勢エビやトラフグなどのブランド化に乗り出す。

表2

オールメディア風評払拭事業
2021年度「実績」の一部（報道記事・ニュース編）

関わったメディア	日時	記事・番組名など	掲載ページ・放送の長さ	内容（記事の抜粋または概要）
福島民報	11月20日	常磐もの食べて復興応援　あすまで東京魚食イベント　県産の魅力発信	18ページ	県産水産物「常磐もの」の味覚を満喫するイベント「発見！ふくしまお魚まつり」が十九日、東京都千代田区の日比谷公園で始まった。
	12月5日	県産食材　首都圏で応援　風評払拭アイデア続々　復興へのあゆみシンポ　初開催	25ページ	東京電力福島第一原発事故の風評払拭へ向けた解決策を提案する「復興へのあゆみシンポジウム」は四日、東京都で初めて開催された。
福島民友	12月16日	「常磐もの」新たな顔に　伊勢エビ、トラフグ追加　高級食材加え発信強化	2ページ	県は「常磐もの」として知られる県産水産物の「新たな顔」として、近年漁獲量が増えている伊勢エビやトラフグなどのブランド化に乗り出す。
	2月11日	県「海の逸品」5品認定　水産加工品開発プロジェクト　月内に県内実証販売	3ページ	県は10日、県産水産物を使用した新たなブランド商品となり得る「ふくしま海の逸品」認定商品として5品を認定した。
福島テレビ	1月2日	テレポートプラス	60秒	全国ネットで放送。浪江町請戸漁港の出初式
福島中央テレビ	1月16日	ゴジてれSun！	60秒	都内で行われた「常磐ものフェア」の紹介
福島放送	1月17日	ふくしまの海で生きる	1分30秒	～相馬の漁師親子篇～
テレビユー福島	1月18日	※水産ニュース	7分8秒	急増するトラフグ　相馬の新名物に

※「令和３年度ふくしまの漁業の魅力体感・発信事業」実績報告書を基に筆者作成。

●22年2月11日付福島民報3面

【見出し】「ふくしま海の逸品」認定　県、新ブランド確立へ
【本文の一部】東京電力福島第一原発事故による風評の払拭と新たなブランド確立に向け、県は十日、県産水産物を使用して新たに開発された加工品五品を「ふくしま海の逸品」に認定した。

テレビのニュースも似たような状況だ。報告書がプロモーション実績として挙げている記事や番組の一部を表2に挙げておく。

翌年度はさらにパワーアップ

福島県は翌22年度も「ふくしまの漁業の

魅力体感・発信事業」（オールメディアによる漁業の魅力発信業務）を実施した。予算も1億2千万円で変わらない。ふたたび福島民報社が受注し、前年と同じ8社が県の風評払拭プロパガンダを担った。おおまかなところは前年度と同じだが、さらにパワーアップした感がある。

22年度の実績報告書によると、福島テレビ（系列含む）は「U字工事の旅！発見」やＩＭＰＡＣＴｏｒｓ松井奏の番組を続けつつ、「カンニング竹山の福島のことなんて誰も知らねぇじゃねえかよ」という番組も加えた。ラジオ福島は人気芸人サンドウィッチマンが出演するニッポン放送の番組「サンドウィッチマン　ザ・ラジオショーサタデー」のリスナープレゼント企画で常磐もののあんこう鍋を紹介した。報道ではこんな記事が目についた。

●22年7月22日付福島民報3面

【見出し】県産農林水産物食べて　知事ら東京で魅力発信
【本文の一部】県産農林水産物のトップセールスは二十一日、東京都足立区のイトーヨーカドーアリオ西新井店で行われ、内堀雅雄知事が三年ぶりに首都圏で旬のモモをはじめ夏野菜のキュウリやトマト、常磐ものの魅力を直接発信した。

「意味があるのか」と首をかしげたくなる知事の東京行きは、民報だけでなく福島テレビとテレビユー福島のニュースでも取り上げられたという。知事のセールスや県の事業を書くなとは言わない。しかし、県が金を出している事業の一環としてこうした記事を出すのはまずい。これをやってしまったら、新聞やテレビは「県の広報担当」に成り下がってしまう。

報告書によると、22年度はテレビ番組や新聞の企画特集などが8社で145回、記事やニュースが47回。合計192回の情報発信がこのオールメディア事業を通じて行われた。先述の広告費換算額で言うと、その額は18億2300万円。前年度を倍にしたくらいの「大成功」になったそうな……。

事業の収支も報告されている。21年度も22年度も費用は合計で1億1999万9千円かかったと報告書に書いてあった。1億2千万円の予算をぎりぎりまで使ったということだ。費用の内訳を見ると、8社の番組制作やデジタル配信、広告にかかった金額が書き出されていた。あとはロゴマークやポスターの制作費、事務局の企画立案費など。費用の欄にはニュース番組の項目もあった。これは県への情報開示請求で手に入れた書類なので個々の金額は黒塗りにされていて確認できないが、こうした「報道」分野の費用も計上されたと推測する。

問われるメディアの倫理観

くり返しになるが、権力と報道機関との間には一定の距離感が欠かせない。もしもあるメディア（たとえば福島民報）が「風評」を問題視し、それによる被害を防ぎたいと思うなら、自分たちのお金、アイデア、人員で「風評払拭」のキャンペーン報道をすべきだ。福島県も同じ目的で事業を組むかもしれないけれど、それと一体化してはいけない。一体化してしまったら県の事業を批判的な目でウォッチすることができなくなるからだ。

実際、福島県内のメディアはしつこいくらいに「風評が課題だ」と言うけれど、「風評を防ぐための県の事業は果たして効果があるのか？」といった問題意識のある報道は見当たらない。当たり前だ。自分たちがお金をもらってその事業を引き受けておいてそんな批判ができるわけない。

お察しの通り、こういう状況は福島県という行政体にとってはとても心地いい。メディアが自分たちの思うように報道してくれて、自分たちの失敗については目をつむっておいてくれる。1億ちょっとのお金を渡しておけばこういう状況が作れるというのは、ある意味では安いものだ（実際は本書が指摘したオールメディア事業以外にも、福島県は広告出稿などさまざまな形で地元メディアへの影響力を強めている）。お金によるメディア・コントロール。内堀知事は「そんなことは意図していない」と言うかもしれないけれど、結果的にはそういう状況になっている。

「これは水産物の風評払拭キャンペーンであり、汚染水の海洋放出とは関係ない」と思う人もいるかもしれない。しかし、それはちがう。福島県の内堀知事は「海洋放出すべきか否か」という重要問題について、自分の考えを一切言わなかった。大事な問題に口をつぐむ代わりに言い続けているのは、「国民への説明と風評対策をきちんとしてほしい」ということだけだ。

ところが内堀氏の求める説明と風評対策は日本政府も「やります」と言っているものだ。つまり知事は政府にものを申すフリをしながら、実際には「その路線で合ってます」という応援メッセージを送っているにすぎない。海洋放出への強力なアシストだ。その福島県をアシストするのが、福島民報社をはじめとした地元マスメディアである。

21年4月に政府が海洋放出の方針を決めた3か月後、福島県はこの「オールメディアによる漁業の魅力発信業務」の請負業者を公募した。そして7カ月後には県内の地元メディア8社が「風評」に限定したキャンペーンを行った。この時点で、県内の世論形成に力を持つ地元メディアの中では完全に、海洋放出の課題は「風評」に限定された。

もちろんその前からメディアの論調は「風評対策を」というものばかりだった。海洋放出の安全性などへの指摘はほとんどなかったと言っていい。しかしこういう構図を完全に固定化し、後戻りが利かない状態にしたのは、この「オールメディア風評払拭キャンペーン」だと筆者は思っている。お客様である福島県が盾突かない海洋放出について、県からお金をもらっている各メディアが盾突けるわけがないからだ。メディアが言えるのは「風評が課題」までである。くり返しになるが、政府にとってこれは既定路線だ。こうして福島県だけでなく地元メディアも政府の海洋放出をアシストする輪の中に入った。

金の面から見てみよう。県の事業と書いてきたが、実際には国の金が入っている。年間1億2千万円の事業予算のうち、半分は復興庁からの交付金、いわゆる「復興マネー」である。復興庁は福島のイメージをよくすることを自分たちの役割だと思っているので（実際にはイメージ戦略よりも大事なことがたくさんあると思うが）、海洋放出プロパガンダに関しては経産省と同じ路線である。そんな復興庁からの金をもらっている福島県も、福島県から金をもらっている地元メディアも、政府による合意の捏造をしっかりと支えていることになる。

福島県という「お代官さま」の羽振りがいいのは将軍家から下賜があったからだった。福島県としては安上がりで積年のテーマである「風評」に取り組めるおいしい機会だろう。地元メディアがこの事業でどれくらい儲けているかは分からないけれど、少なくとも全国レベルの人気タレントを使って番組を作れるいい機会にはなっているはずだ。代官と商人たちはウィンウィンの関係である。じゃあ、そのぶん誰が損をしているのだろう？　当然それは筆者を含む民百姓。批判的な報道を期待できない福島県民、新聞の読者、テレビの視聴者たちだ。

筆者のウェブサイト「ウネリウネラ」の読者の一人にペンネーム「ゴッサム市民」さんという人がいる。福島市民であるゴッサム氏は、こうした状況を嘆く投稿をくれた。

メディア全体の質の低下

放射能汚染水の海洋放出については福島県内のメディアが概ね処理水放出について「客観報道」を装って政府、東電発表を垂れ流しているのがとても気になる。「風評被害」が起きたら、のような報道しかないし、さらには高校で「処理水放出（の安全性）」に関する経産省の出前授業があった、といったまるで汚染水放出は安全だ、という一方的な立場で、問題点は風評被害のみ、という記事ばかりだ。

市民の反対運動や汚染水放出の問題点、例えば海水で40倍に希釈して放出しても現状の汚染水を全て流し切るにはどれくらいの時間が必要、とか、希釈しても汚染水に含まれる放射性物質の総量は変わらない、とか、トリチウム以外の汚染物質の種類と量は、とかが全く報道されない。これで原発事故のあった福島県のメディアの役割を果たしているのか、本当にがっかり。東電や政府から大量の広告費を受け取って原発推進に協力していた過去から抜け出せていない。日本の報道の質は著しく低下していると感じます。

ゴッサム市民

アメコミのヒーロー、バットマンが活躍するのがゴッサム・シティーだ。犯罪や権力の腐敗がはびこっている都市である。福島を「ゴッサム・シティー」化させているのは一体だれなのか？

【Chapter6】合意の捏造を支える者たち（マスメディア）

★コラム★「IAEAよ。お前もか」

処理水海洋放出は「国際的な安全基準に合致」IAEAが包括報告書を公表

東京電力福島第一原発（福島県大熊町、双葉町）の汚染水を浄化処理した後の水の海洋放出計画を巡り、計画を検証した国際原子力機関（IAEA）は4日、「国際的な安全基準に合致する」とする包括報告書を公表した。政府が「夏ごろ」とする放出に向けた手続きが一歩進んだ。政府は国際機関の「お墨付き」を放出計画の後ろ盾にしたい考えだが、漁業関係者のほか、中国や韓国など周辺国からの反対の声は根強い。

（2023年7月4日東京新聞オンライン版）

日本政府はこのIAEA報告書を金科玉条のごとく掲げ、海洋放出を推し進めた。経産省の職員はこう話した。「我々政府や東電を信用できないという方もいらっしゃると思います。そこでIAEAなど第三者にもチェックしてもらっています」。

しかし、報告書を読むと疑問はたくさん出てくる。報告書が公表された2週間後、前出の原子力市民委員会はオンライン記者会見を開き、「IAEA報告書には重大な瑕疵がある」との見解を発表した。その内容を紹介する。

「海洋放出はＩＡＥＡ安全基準に適合していない」

ＩＡＥＡの報告書について考えるためには、ＩＡＥＡがどんな「ものさし」で安全性を判断しているかを知っておく必要がある。公表されている「安全基準」（基本安全原則）の前書きにはこう書いてある。

ＩＡＥＡには、健康を守るため及び生命や財産に対する危険を最小限に抑えるために安全基準を策定または採択する権限が与えられている。

まず「最小限に抑える」と書いてある点が重要だ。本質的にＩＡＥＡという組織は原子力の利用を促進することを目的としている。だから「完全に防ぐ」ではなく、「最小限に抑える」なのだ。この時点で、ＩＡＥＡがレフェリー役として相応しいのかという疑問が生じる。（ちなみに、ＩＡＥＡ元事務局長のハンス・ブリックス氏は福島の原発事故後、「フクシマは道路の凸凹に過ぎず、原子力のさらなる安全強化につながる」と述べていた。）

先に進むとして、この安全基準の中には以下のような項目がある。

「施設と活動の正当化」

施設と活動が正当であると考えられるためには、それらが生み出す便益が、それらが生み出す放射線リスクを上回っていなければならない。便益とリスクを評価するために、施設の運転および活動の実施によるすべての有意な影響を考慮しなければならない。

たとえば、病院で受けるレントゲンやＣＴ検査は放射線を利用した検査だ。検査を受ければ患者は一定量被ばくする。被ばくは患者にとって「リスク（損害）」である。しかし、検査によって重大な病気を発見したり、ケガの様子が詳細にわかったりするという「便益（利益）」がある。この「利益」と「損害」を比較し、「利益」が上回ると判断した場合にレントゲンやＣＴ検査を行う。汚染水の海洋放出の場合も、便益（利益）とリスク（損害）を比較し、利益が損害よりも多い状況でなければ海洋放出は「正当化」されない。ＩＡＥＡの安全基準に基づけば、そういうことになる。

原子力市民委員会の見解

この点に関し、原子力市民委員会はこう指摘する。

政府や東京電力は、海洋放出によって誰がどのような利益を得るのか、どのような損害が生じるのか、利益が損害を上回っているかについて検討を行わず、「他に選択肢がない」「廃炉・復興に不可欠」とくり返している。つまり、日本政府と東京電力は正当化プロセスをとっておらず、したがって政府の放出決定はＩＡＥＡ安全基準に適合していない。

★コラム★「IAEA よ。お前もか」

ＩＡＥＡはこの点をどう考えているのか。23年7月に公表された安全性レビュー報告書にはこう書いてあった。

日本政府から安全基準に基づくレビュー（審査）を求められたのは、日本政府によって海洋放出の方針が決定された後のことである。したがって、今回のＩＡＥＡによる安全性審査は、日本政府による「正当化プロセス」の詳細を審査対象としていない。

【ＩＡＥＡ安全性レビュー報告書19ページ（筆者訳）】

海洋放出は「正当化」できる行為なのか。肝心なところについて、ＩＡＥＡは審査対象から外していた。レフェリーが自らつくったルールを無視してしまったのである。原子力市民委員会はこう指摘する。

ＩＡＥＡ自身が、放射線防護の基本原則を満たすか否かの評価を怠っていることを示している。したがって海洋放出計画がＩＡＥＡ安全基準に適合しているとするＩＡＥＡの結論には重大な瑕疵がある。

（原子力市民委員会の見解）

通常の原発であれば「電力を生み出す」ことが「利益」だと考えられる。しかし、海洋放出は電力を生み出すわけでもないので、この行為による「利益」というものがない。日本政府は「タンクが減るという利益がある」と言うかもしれない。だが、これは国内にとどまる話だ。たとえばマーシャル諸島など太平洋に浮かぶ島国にとっての利益はまったくの「ゼロ」だ。利益がゼロである海洋放出は正当化しようがない。だからＩＡＥＡはこの点を評価することから逃げた。筆者はそう考えている。

市民らの意見が反映されていない

ＩＡＥＡ安全基準には、重要な決定をする際の「政府の役割」に関する記述もある。

「政府の役割」
開放的で誰でも参加しやすいプロセスにより、周囲の団体、公衆および他の利害関係者の意見を求めること

日本政府は今回、ＩＡＥＡが安全基準で求める「政府の役割」を果たしてきただろうか。第4章で書いた通り、一般の市民が参加できる政府主催の公聴会は18年夏以降、一度も開かれていない。

海洋放出には賛否両論ある。推進派と反対派のボクシングにたとえるなら、日本政府はＩＡＥＡをレフェリー役に位置づけた。だが、このレフェリーはもともと推進派の一味であり、推進派を勝たせるためには自らのルールを無視した。ＩＡＥＡの安全性レビュー報告書に「お墨付き」としての価値がある

★コラム★「IAEA よ。お前もか」

とは思わない。

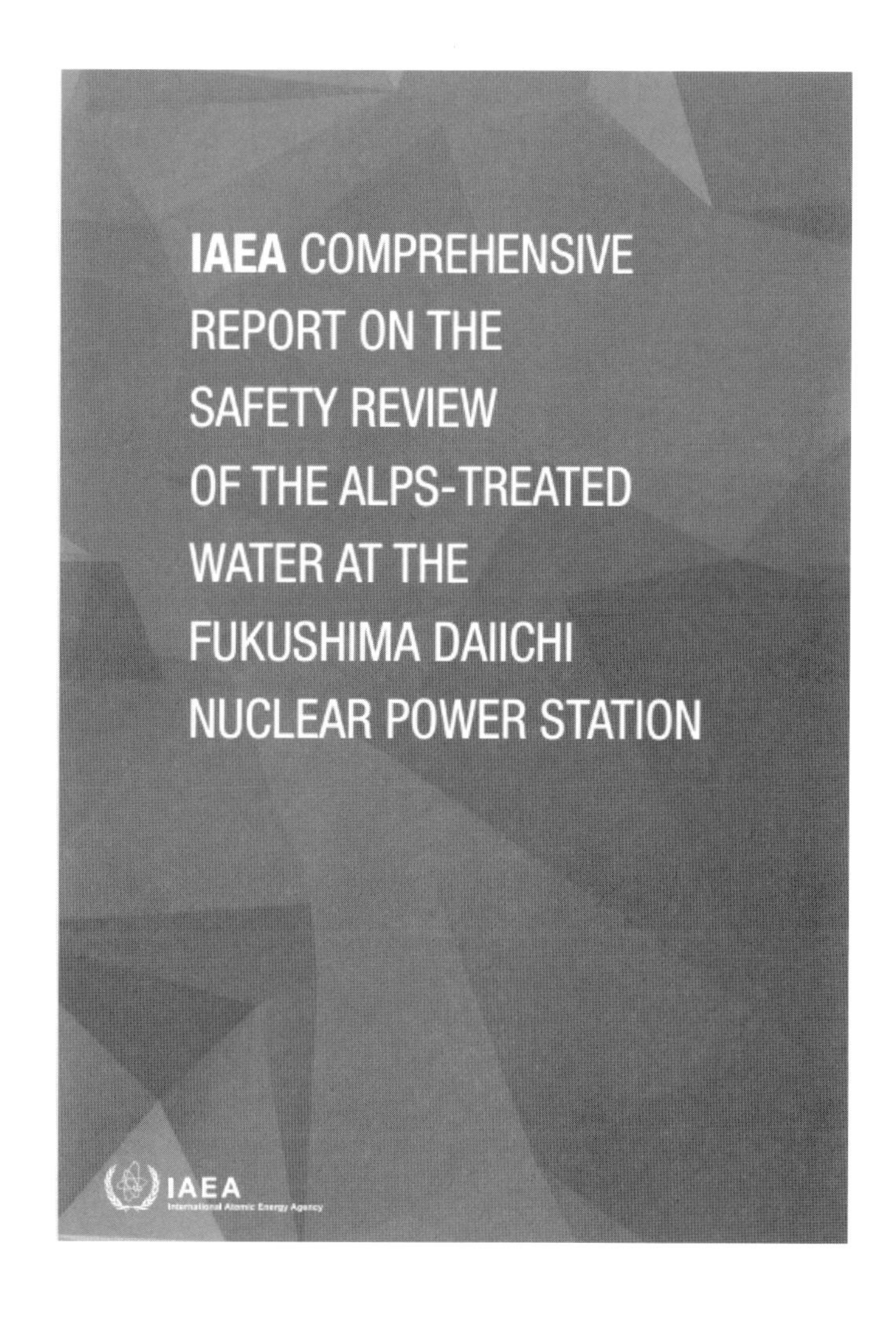

【Chapter7】　市民VS政府・東電

海洋放出スタートへのカウントダウンが始まっていた2023年夏、合意の捏造への抵抗者たちは福島県内の各地で会合を開き、政府や東電の担当者と話し合いを行った。はたしてその結果は？

・・・・・・・・・・・・・・・・・・・・

7月6日@会津若松

一、嘘言（うそ）を言ふことはなりませぬ
一、卑怯な振舞をしてはなりませぬ
一、弱い者をいぢめてはなりませぬ

これはかつて会津藩士の子どもたちの間で言い伝えられた「什の掟」の一部だ。福島県内陸部の会津若松市は武士の町として栄えた。住民たちは今もその気風を残し、曲がったことが大嫌いである。7月6日午後6時、筆者は会津若松市の生涯学習センター「會津稽古堂」に向かった。多目的ホールには緊張感がみなぎっていた。集まった約120人の市民が真剣な表情でステージを見つめている。壇上に掲示された集会のタイトルは「海洋放出に関する会津地方住民説明・意見交換会」。主催は市民たちで作る「実行委員会」だ。メンバーの一人、千葉親子氏がチクリと刺のある開会挨拶を行った。

「本来であれば、海洋放出の当事者である国・東電が説明会を企画して住民の疑問や不安に答えていただきたいところでしたが、このような形となりました。今日は限られた時間ではありますが、忌憚のない意見交換ができればと願っています」

前半は政府と東京電力からの説明だった。実行委によると政府・東電からは合計8人が参加。代表して経済産業省資源エネルギー庁参事官の木野正登氏と東電リスクコミュニケーターの木元崇宏氏が15分ずつ海洋放出の計画を説明した。

経産省の木野氏は自己紹介のあと、「着座にて説明させていただきます」と言い、説明を始めた。会場に語りかけるというよりも、ひたすら手元にある資料を紹介していった。15分後、東電の木元氏が立ち上がり、マイクを握った。

「福島第一の事故から、まもなく12年と4か月が経過しようとしていますけれども、今なお多くの方々にご不便、ご心配をおかけしておりますこと、改めてお詫び申し上げます」

木元氏はそこまで話すと、その場で会場に向かって頭を下げた。これは東電の記者会見でしばしば目にする謝り方だ。形式的ではあるが一応、「謝罪」だろう。ここで筆者は「そう言えば」と思い出す。経産省の木野氏からは謝罪がなかった。東電が謝罪した時も、隣にいた木野氏はイスに座ったまま手元の資料に目を落としていた。少しだけコクリと頭を上下に動かしたように見えたが、その意味するところは筆者には分からなかった。

政府が謝る必要はない、ということだろうか。政府は何かにつけて、「タンクの余裕がない。時間がない。海洋放出するしかない」と言う。元をただせばそれは誰の責任なのか。原発事故の発生直後から汚染水の問題は発覚しており、このままだと既存のタンクがいずれ満杯になることは分かりきっていた。それなのに「アンダーコントロール」などとうそぶいてこの問題を長く放置してきたのは、東電のみならず政府の大失態だろう。しかし、政府の説明担当者は謝らない。参加者たちは黙って聞いているが、目が血走っている人もいる。一触即発の雰囲気が漂う。

「陸上保管は本当にできないのか？」

午後6時半、いよいよ意見交換がはじまった。市民側を代表して実行委メンバーの5人がステージに上がり、順番に質問していく。

実行委「福島の復興を妨げないために、あるいは風評や実害を生まないためには、長期の陸上保管だという意見があります。これまでの公聴会などでもこうした意見が多く出ていると思います。場所さえ確保できれば東電も国も同じ思いであると思いますが、いかがでしょうか？」

経産省木野氏「場所ですけれども、いろいろと法律の制約があります。原子力施設から放射性廃棄物を運搬するとか保管するとかいったこともですね。手続きが必要になります」

「福島に押しつけるな！」という声が飛ぶ。木野氏が続ける。

木野氏「なので、そういった制約が様々あるということですね。また、実際どこかの場所に置いたとしたら、そこにまたいわゆる『風評』が生まれてしまう懸念もあるのではないかと思っております」

会場から失笑が漏れた。「福島だったらいいの？」「福島に押しつけてるだけだ！」。東電が説明する番になる。

東電木元氏「今回の処理水の海洋放出については、法律の建付けは事故前から変わっていないわけですね。事業者側から見ると事故前と同じ法律の基準、やり方、これをしっかり守るということが前提となります。これ以上タンクに保管するということは廃炉作業を滞らせてしまうために難しいというところがありますけども、これまで運転させていただいた時の濃度や基準と同じにして。海水で希釈するというのもこれまでと同じやり方になります。これをしっかり守るのが大前提と考えてございます。ただ、事故を起こしてしまった東電への信用の問題もございます。当社以外の機関にも分析をお願いして透明性を確保いたします」

木元氏は論点をずらした。司会役を務める実行委メンバーの一人がすかさず、「今は敷地の話をしております」と注意した。

木元氏「先ほど話をさせていただきました通り、廃炉をこれ以上滞らせないためにも、これ以上のタンクの設置は難しい。また、排出についてはしっかり基準を満足させるということが大前提と考えてございます」

実行委「敷地が確保できれば陸上保管がベストだという思いは同じですか、という質問でした」

木元氏「今お話しさせていただきました通り、事故前に排水させていただいていた基準の水でございますので、それをしっかり守ることが大事だと考えています」

質問に正面から答えようとしない木元氏に対し、会場から「答えになってない！」と声が飛ぶ。実行委は矛先を経産省に戻した。

実行委「汚染水をどうするかの検討が進められて、結果的に海洋放出が現実的だという判断になったようですけども、実際には陸上保管というのが圧倒的に大きな声だった。これこそが復興を妨げない、あるいは『風評』も実害も拡大させない、やり方なんじゃないですか？　そこの考え方は同じではないのかと聞いているんです。そもそもの前提、意識は同じですか？」

経産省木野氏「はい。陸上保管ができればそれがいいですけれども、現実的ではないわけですよね」

実行委「現実的ではないというお答えがありましたけれども、廃炉の妨げになると言いますが、事故から10年たって、廃炉は進んでますか？　燃料デブリの取り出しはできてますか？　取り出しがいつになるか分からないっていう中では、現実的に目の前にある汚染水の被害を拡大させないために陸上保管しようという方向になぜできないのでしょうか？　当分、廃炉の妨げなんかにはならないでしょ？　私はそう思いますが、いかがでしょうか？」

木野氏「廃炉が進んでいますかと聞かれれば、進んでおります。ただし燃料デブリ、これはご存じの通り、取り出せてませんね。2号機から取り出しを開始しますけれども、まだ数グラムしか取れてません。今後はしっかり拡大して、進めていかなければいけない訳です。それを保管するスペースも確保していかないといけない、ということなんです。なので、タンクであそこの敷地を埋め尽くしてしまうと廃炉が進まなくなってしまうということです。そこはご理解いただければと思います」

会場からは「理解できない！」との声。実行委は攻勢をゆるめない。

実行委「具体的には、環境省が取得した広大な土地が隣接してあるはずです。そこの部分もあるし、以前のフランジタンクを取り壊した部分もあるはずです。全体の敷地利用計画はいっこうに示されていません。これから利用できる敷地もあるはずです。やはり『風評』を広げない、実害を広げないために最大限の努力をするというのが東電や国の使命だと思いますが、いかがでしょうか？」

会場から拍手が飛んだ。

木野氏「中間貯蔵施設はですね。あそこにだいたい１６００人の地権者の方がいて、泣く泣く土地を手放していただいた方もいますし、または借地ということで30年間お貸しいただいた方もいらっしゃいます。やはり住民の方の心情を考えるとですね、なかなかそこにタンクを置かせてもらうというのは非常に難しいですし、やはり大熊・双葉の町の復興も考えなければいけないということでございます」

東電木元氏「ご指摘いただいた通り、以前フランジタンクに汚染水をためていたところ、接ぎ目から（汚染水が）漏れだしてしまったため今は溶接型に切り替わっております。解体したところもあって、それが今どうなっているかというと、新しいタンクに置き換わっているところもありますし、いわゆる固体廃棄物、ガレキですとかがコンテナにたくさんありまして、その保管場所になっているところもあります。水だけの問題ではなくて固体廃棄物、これはどうしても第一原発の敷地内で保管しなければいけない。そのための土地も確保しなければいけないということが現実問題としてあります。今後デブリが取り出せたときは非常に濃度が高い廃棄物が発生いたします。これをしっかり保管しなければいけないと考えております」

会場から「それはいつですか？」との声が飛ぶ。当然の指摘だった。実行委メンバーは冒頭に戻り、「いろいろと法律の制約がある」という経産省木野氏の説明を批判する。

実行委「福島県内は事故後、非常事態の状況にあります。本当（の許容被ばく量）は年間1ミリシーベルトなんですけど、まだ20ミリシーベルトで我慢せいという状態なんです。そんな中で一般の法律を持ち出して、だからできないとか、そんなことを言っている場合じゃないということです」

会場から拍手が起こる。

実行委「ここはやるということで。福島県の人たちのことを考えて、その身になって進めていただきたいと思いますよ」

会場からさらに拍手。

木野氏「やはりあの、被災12市町村、避難させてしまった12市町村の復興も進めていかないといけない、ということもあります。なのでですね、我々も県民のためを思いながら廃炉と復興を進めていきたいと思っております」

「海に捨てる放射性物質の総量は？」

燃料デブリがあるのは事故を起こした福島第一原発だけだ。だから通常運転している原発からの排水と、メルトダウンを起こした原子炉から生まれる「汚染水」とは意味合いが全く異なる。この汚染水を多核種除去設備（ＡＬＰＳ）で処理しても、すべての放射性物質が除去できるわけではない。トリチウムが大量に残るのはもちろんのこと、ほかの放射性物質も残る。どんな物質がどのくらい放出されるのか。実行委メンバーの１人が追及した。

実行委「ＡＬＰＳを通してもトリチウムほかストロンチウム90、ヨウ素１２９、コバルト60、炭素14などが確認されていると聞いてます。残った放射性物質の生物影響をどう認識されているのか。放出しようとする放射性物質の総量を明らかにしてほしいと思います」

経産省木野氏「さまざまな核種が入っているということでございますが、これがちゃんと規制基準以下に浄化されているということです。こうしたものが含まれているという前提で、自然界から受ける放射線の量よりも7万分の1〜１００万分の1の被ばく量ってことです。これはトリチウムだけではないです。ストロンチウム、ヨウ素、コバルト、そういったものも含まれている前提での評価です」

東電木元氏「総量についてはこれからしっかり測定・評価。処理した後の水を分析させていただきます。これが積み上がることによって、最終的な総量が分かるわけですけども、今の段階では7割の水が2次処理、これから浄化する水が含まれておりますので、今の段階ではどのくらいとお示しすることがなかなか難しいです。浄化をした上で、見通しを含めて立てさせていただくということになろうかと思います」

司会者（実行委の一人）「放射性物質の総量も分からないんですね?」

木元氏「総量はこれからしっかり分析を続けてまいりますので、そこでお示しができるものと考えております」

実行委メンバーによる代表質問が終わった後、会場の参加者たちが意見を述べる時間があった。１人数分と短時間ながらもそれぞれの思いを政府と東電に伝えていた。そのうちのいくつかを紹介する。

「私は昭和17年生まれです。年も80を過ぎました。お金よりも子どもたちの健康、安全ですよね。金ではない。経済ではない。子どもたちが安心して生きられる環境をどう作るか。これが、あなたたちの一番の責任ではないのですか？」

「県民感情として。これ以上福島をいじめないでください。首都圏は受益者負担を全然してない。この中で東京電力のお世話になっている人は誰もいませんよ。ここは東北電力の管内ですから。どうしても捨てたいならば、東京湾に持って行ってどんどん流してくださいよ。安全、安全と言うんであれば、なにも問題はないはずです」

発言の機会を求めて挙手する人が後を絶たない中、約２時間半にわたる意見交換会は終了した。

大熊町民を口実に使うな

筆者が見る限り、会津若松での意見交換会は圧倒的に、反対する市民側が優勢だった。一番注目すべきは代替案をめぐる議論だと思う。市民たちは経産省の木野氏から「場所さえ確保できれば陸上保管がベスト」という見解を引き出し、「ではなぜ真剣に検討しないのか」と迫った。これに対する木野氏の回答は説得力があるとは思えなかった。「法律上の制約」を口にしたが、政府は自分たちの通したい法律は1年くらいで作ってしまう。そんなに時間はかからないはずだ。次に木野氏は、大熊町と双葉町の住民の心情を持ち出した。「中間貯蔵施設の土地は地権者の方が泣く泣く手放したものだ」などとして、陸上保管の敷地確保を検討しない理由として説明した。

しかし、この説明は納得できない。大熊・双葉両町に中間貯蔵施設を作る時、政府は住民たちと「30年後の県外処分」を約束した。施設がスタートしてから8年経つが、最終処分先はいまだに決まっていない。住民との約束を守るために政府が血眼になっている様子もうかがえない。

県外処分の約束を宙ぶらりにしておきながら、タンクの増設を求める声に対しては、「双葉・大熊両町との約束があるから無理だ」と言う。こういう作法を「二枚舌」と呼ぶ。実際、大熊町民の中にも怒っている人はいる。原発事故で大熊から会津若松に避難した馬場由佳子さんは、住民票を大熊に残している。れっきとした町民だ。7月6日の意見交換会に参加した馬場さんは感想をこう語った。

「大熊の復興のために汚染水を流すって……。そういう時ばかり……。『ふざけんな！』なんです。ちゃんと放射線量を測ったり、除染したり、汚染水を流すのではなくて私たちの意見を聞いたり。そういうことが大熊の復興につながると思います。私も含めてほとんどの大熊町民は、国や東電が言うようにあと30年や40年で福島第一原発の廃炉が終わるとは信じていないと思います。中間貯蔵施設にある除染廃棄物が約束通り県外で処分されるかどうかについても楽観していないでしょう。そんな中で、国は自分たちに都合がいい時だけ『大熊町民のために』と言います。私たちを口実に使うのは許せません」

7月17日@郡山

会津での意見交換会から11日後の7月17日夜、今度は「東北のシカゴ」との異名を持つ福島県内随一の商業都市、郡山市内で住民説明・意見交換会が開催された。「国・東電と住民との説明・意見交換会を郡山で開く会」という市民グループの要請で実現したものだった。主催発表によると約80人が参加。政府側は会津若松と同じく経産省の木野正登氏。東電側はリスクコミュニケーターの佐藤暢秀氏が登壇した。この日の話し合いで筆者が特に注目したやりとりを一つだけ紹介する。

質問者「廃炉と復興の両立、廃炉を進めるために海洋放出は避けて通れない。こういう言い方をしますよね。ただ福島県民にとっては海洋放出自体が福島県民を犠牲にするものなのです。被災県民が犠牲になるような復興はありえない！　ひたすら愚直に廃炉の作業を進めていくしかない。『復興』を持ち出すのは、これは無理です。馬鹿にしたことです。金輪際、『廃炉と復興の両立』という言葉は使わないほうがいい。海洋放出の責任の主体はどこにあるんですか？　方針決定は国ですよね。認可などは原子力規制庁ですよね。事業主体としては東京電力ですよね。どこが最終的な責任をもつんですか？　答えてください」

木野氏「海洋放出の責任の主体は国と東京電力です」

質問者「それが曖昧なんですよ。なにか不測の事態があった時に、あるいは生態系への影響など重大事故が生じた場合に、東京電力は『そりゃ国の責任ですよ』。国のほうは『東京電力の責任ですよ』。そういう風にお互いなすりつけるんじゃないですか？　どうですか？　仮に被害が生じた場合の立証責任はどこが負うんですか？　個人ですか、国ですか？　改めて責任の主体はどこなのか。国か、東京電力か、規制庁か、はっきりさせてください」

木野氏「国と東京電力、まあ共同でございます。たとえば被害が生じた場合ということについては、東京電力が賠償いたします」

オフレコ交渉で垣間見えた東電の本性

これまでに紹介したのは、マスメディアが取材に入った「オープンな場」での市民と政府・東電との話し合いである。今度は少し時間をさかのぼるが、２０２２年5月13日に市民グループ「これ以上海を汚すな！市民会議」が行った東電との話し合いの様子を紹介しよう。この話し合いの大部分は報道陣を入れずにオフレコで行われた。そのぶん、東電の本性が垣間見えたように筆者には思われる。（※以下の文章は複数の関係者への取材と客観的記録に基づき、話し合いの一部を抜粋している）

話し合いの序盤、市民会議のメンバーが一人ずつ意見を述べていった。いわき市に住む女性はこう語った。

女性「私には2人の娘がいます。福島県は山とか海とか湖とか、自然に恵まれたとてもきれいなところです。私も娘たちも、そんな福島がすっごく大好きです。どうかお願いです。私の娘たちに福島のきれいな海を残してあげてください。残してくれることはできませんか？　どうかお願いです。残してあげてください。それだけです。よろしくお願いします」

市民側からの発言が一通り終わると、東電の担当者が回答する番になった。しかし、女性の「きれいな海を残して」という訴えに対する直接の回答がなかった。そのためこの女性はもう一度東電側に聞いた。

女性「私も私の娘も、海に放射性物質を流していただきたくないんですけど、私はさっき、『娘たちに福島のきれいな海をそのまま残してください』とお願いしたんですけど、その約束はしていただけるんですか？」
東電「企業として、そこの部分を約束するまではできないと思っています」
女性「お願いしているんですけど、そのお願いは聞いていただけないんですか？」
東電「『お受けいたします』としか言わないですね」

「きれいな海を残して」という必死のうったえに対して、あまりにも冷淡な答え方ではないだろうか。せめて「お気持ちは分かります」とか、そういう言葉は出てこないのだろうか。この日の東電側の対応は概して失礼だった。市民の発言をさえぎって勝手に話したり、「それは先ほどお話しましたよね？」などと相手をおちょくるような言い方をしたり、市民側の安全性への疑義を「〝思い〟ですよね」と曲解したり。これでは市民に対してけんかを売っているようなものである。これが世界史上に残る深刻な原発事故を起こした企業の態度なのか？　公開の場では平身低頭だが、オフレコの場面では「加害企業」東電の態度はこんな感じなのだった。

説明責任は果たされたのか

なぜ海洋放出しなければならないのか。政府に説明責任があるのは明らかだ。岸田文雄首相や西村康稔経産相もその点は分かっていて、再三にわたって「丁寧に説明する」とくり返してきた。最終的には「1500回以上も説明を実施してきた」という実績をアピールしている。しかし、そうした説明会を実際に取材すれば、「丁寧な説明」の内実が見えてくる。

まず指摘したいのは、市民に対する説明会は誰が実施してきたのかだ。くり返しになるが、政府は21年4月の方針決定以降、一般の市民が自由に参加できる公聴会を一度も開いていない。そこで福島県内では市民有志が実行委員会をつくって政府や東電に依頼し、市民主催の説明会に参加してもらう形をとった。いつまでたっても公聴会が開かれないため、こうせざるを得なかったのだ。では、こうした説明会の費用は誰が負担するのか。反対や不安の声を押し切って海洋放出するのだから、当然政府・東電が出しているだろう。筆者ははじめ、そう思っていた。しかし、ちがった。

たとえば23年7月6日に会津若松市で開かれた説明会は約120人が参加する大規模なものだった。実行委員会のメンバーで同市在住の片岡輝美さん（第5章にも登場）は、会場使用料やチラシ代など約3万円の費用はすべて市民側が支払ったと話す。「市民には説明を求める権利があるはずなのに、費用を負担しなければならないのはおかしな話です」。そう語る片岡さんは、経産省の説明に対する意欲そのものに疑問を呈する。説明会自体がなかなか実現しなかったからだ。

「経産省には5月下旬に参加を求めました。それなのに、実現したのは海洋放出直前の7月でした。また、私たちは当日の議論を深めるために事前質問を送っていました。経産省と東電から事前に回答をもらったうえで、それを踏まえた再質問を当日は行いたかったのです。東電からは回答がありました。ところが経産省は『当日回答する』と言い、前もって回答しませんでした」（片岡さん）。

筆者が知る限り、市民有志による実行委員会形式の説明会は、7月17日と8月30日（ともに郡山市）、12月19日（福島市）にも開かれた。それぞれに別々の実行委員会が結成され、責任者はばらばらだ。どの実行委に聞いても、会場代などの費用は市民側が負担していた。福島市の実行委メンバーは「政府・東電に費用の折半をお願いしたが、断られてしまった」と話す。実行委のメンバーが自腹を切ったり、会場の参加者たちにカンパをつのったりして賄ったという。政府は海洋放出の広報・PRに少なくとも30億円の予算をつけている。それなのに、対話を望む市民たちに対してこんなにケチなのはなぜだろう。

8月30日に郡山市で開かれた説明会では、会場から不規則発言が飛ぶと経産省の職員が実行委にクレームを言う場面もあった。講堂のステージ上で経産省側が説明している時、会場から「声が小さい！」

などと声が飛ぶことがあった。そうすると、説明者の後ろに座っていた経産省職員が立ち上がり、ステージ脇にいた司会者（実行委の一人）に詰め寄ったのだった。手を挙げて不規則発言の制止を求めたこともあった。そうした経産省の言動が火に油を注ぎ、会場からはさらに「おかしいぞ！」と声が飛んだ。

後日、司会を務めた川井ひろみさん（郡山市在住）に聞いてみたら、「経産省職員からは『ヤジを止めてください』と強い口調で言われました」と答えてくれた。「彼らは本来話を聞いてもらうべき立場です。それなのに威圧的な態度をとるのはおかしい」と川井さんは怒っていた。その通りだ。この説明会が実施されたのは、8月24日の海洋放出開始から1週間もたたない時期だ。政府は「関係者の理解を得ないうちは放出しない」と福島県の漁業者に約束していたのに、漁業者たちが明確な「理解」を示さず、県内には反対意見も根強く残る中で放出を強行した。市民たちが怒るのは当然で、ある程度の不規則発言が飛ぶのは経産省も覚悟しなければならない。しかも、その場にいた筆者の感覚では、この日の不規則発言は「怒号が飛び交う」というほど激しいものではなかった。参加者たちの中で、席から立ちあがってステージに詰め寄る人などは一人もいなかった。経産省側の反応は明らかに過剰だった。

実行委は9月下旬、経産省へ要請書を出した。「8月30日の説明会での威圧的な態度について謝罪すること」。10月末になっても回答がないというので、筆者は経産省の事務所に電話を入れてみた。すると、タイミング良く、川井さんに詰め寄った職員が電話に出た。

「実行委の要請書には回答しないのですか」と筆者。職員は「文書は受け取りましたが、現時点で回答する予定はありません」と答え、事情を説明した。「8月末の説明会は事前に『ヤジで説明会の体をなさなくなったら中止する』という約束がありました。このため、司会者に制止を求めました」。

筆者が「その際の態度が威圧的だったと言われているんです」と指摘すると、担当者は納得がいってなさそうな口調でこう答えた。

「私の態度が威圧的かどうかは、人それぞれ、感じ方の問題だと思いますよ」

１５００回の説明相手は？

政府が「１５００回以上も説明を実施してきた」とアピールしている点に戻る。

〈基本方針の決定以降、これまで１５００回以上の説明や意見交換を実施〉

これは23年8月22日の関係閣僚等会議に提出された政府文書の一節だ。岸田首相も出席し、２日後の海洋放出開始を決めた重要な会議である。首相の決定を支えた材料の一つが、この〈１５００回以上の説明や意見交換〉だった。しかし、よく考えてみてほしい。基本方針が決まったのは21年4月13日である。23年８月までの2年4か月のあいだに１５００回を超える説明を行ってきたと政府は言う。単純に割り算をすると、毎日1~2回の説明会が開催されてきたことになる。ちょっと多すぎはしないか？

これまでも政府は同種の文書で、説明会や意見交換会の開催実績をアピールしてきた。21年12月時点では「５００回」、23年1月時点では「1千回」だった。時間が経つにつれて数字は華々しく増えていったのだが、いつ誰にどんな説明を行ったのか、説明実績の内訳に関する情報開示はきわめて少ない。

たとえば23年1月の関係閣僚等会議に提出された資料にはこう書いてあった。

農林漁業者等の生産者から消費者に至るサプライチェーンや自治体職員等に対して、基本方針決定以降、約1千回の説明を実施

これではよく分からない。もう少し詳細が知りたい。ということで筆者は23年3月、経産省に対して、説明相手や日時などが具体的に分かるような公文書の開示請求を行った。しかし、「不開示」と決定された。「ALPS説明実績」という文書はあるが、以下の理由で一切開示できないのだという。

該当する行政文書は、国が関係団体又は個人等へALPS処理水に関する説明等を実施した実績に係る情報がまとめられており、その全体が、公開を前提としない国と関係団体又は個人間における検討段階の未確定情報を含む調整過程の未成熟な情報であって、公にすることにより、発言者が不当に圧力をかけられ、発言を控えるようになる等、今後の資源エネルギー庁との率直な意見の交換若しくは意思決定の中立性が不当に損なわれるおそれ又は不当に国民の間に混乱を生じさせるおそれがあること及び、今後、資源エネルギー庁と意見交換をしようとする者が、その発言が公になることをおそれるあまり、情報提供をためらう等のおそれがあり、その結果、資源エネルギー庁の事務又は事業に関係する様々な者から適時に幅広く情報収集を行うことが困難となり、その事務又は事業の適正な遂行に支障を及ぼすおそれがある。

こんな理由に納得できるだろうか。参加者が発言を公にされることを恐れるというのであれば、氏名や所属する団体名などを黒塗りにすればいい話ではないか。筆者は経産省（資源エネルギー庁）の担当者に電話をかけた。「個人名などを秘匿されることには納得しますが、全面不開示には納得できません。私は1千回の説明会が確実に実施されていることを確認したいのです。たとえ一部が黒塗りされていたとしても、1千枚の報告書があれば、ああ実際に説明会は実施しているんだなと推定することができます。政府は〈1千回の説明〉という実績を海洋放出のアピール材料にしています。数字に根拠があることを示さなければ、国民の海洋放出への納得は深まりません」

担当者は不開示の決定文書に書いてある理由をくり返すだけだった。筆者は「情報開示請求に対応できないなら直接取材に回答してください。私が経産省まで行きますので、何月何日にどこで説明会を行ったのか、文書を見ながらおっしゃってください。ノートに書き取ります」と言ってみた。この要望も断られた。

筆者ははっきり言って、短い立ち話程度のものまで「1千回」ないし「１５００回」の説明実績に含んでいるのではないかと疑っている。「丁寧に説明する」と言うなら、誰に対してどんな説明をしてきたかを明らかにすべきだ。経産省が「説明実績の説明」を拒むのは看過できない。「不開示」の決定に対して不服審査請求中である。

☆取材日記☆　経産省幹部との対話

第7章に登場した経産省の木野氏とは筆者も話したことがある。2023年5月8日、福島市内で木野氏の講演会が開かれ、飛び込み参加した。前半40分ほどが木野氏からの説明で、後半1時間30分が参加者との意見交換だった。

その時のやりとりの一部を紹介する。

筆者「木野さんは経産省のしかるべき立場として、海洋放出方針に関しても、もちろん最終的には官邸レベルの判断だったと思いますが、十分関わってらっしゃった、むしろ一番関わってらっしゃった方だと」

木野氏「まあ私は現場の人間なので、政府の最終決定に関わっているというよりは……」

筆者「ただ、道筋を作ってきた中にはいらっしゃるだろうと思うんですけれども」

木野氏「はい」

筆者「そういう木野さんだから質問するんですが、結局今回の海洋放出、30～40年にわたる海洋放出でですね、全く影響がない、未来永劫、私たちが生きている間だけとかではなくて、私の孫とかそういうレベルまで、未来永劫全く影響ありません、という風に自信をもって、職業人としての誇りをもって、言い切れるものなんでしょうか？」

木野氏「はい。言えます」
筆者「それは言えるんですか？」
木野氏「安全基準というのは人体とか環境への影響がないレベルでちゃんと設定されているものなんですね。それを守っていれば影響はないんです。まあ影響がないと言うとちょっと語弊があるかもしれないけど、ゼロではないですけども、有意に、たとえば、がんになるとか、そういう影響は絶対出ないレベルで設定されているものなんですよ。だから、それを守ることで、私は絶対影響が出ないと確信を持って言えます。それはもう、私も専門家でもありますから」
筆者「絶対影響がないと言う根拠は基準を十分守っているからですよね。ただそれは、ほんとにゼロかと言われたら、厳密な意味ではゼロではないと」
木野氏「そういうことです」
筆者「そうなってくると、先ほど後ろの女性の方がご質問されたように、要するにがまんしろという部分があるわけですよね。一般の感覚としてはそう捉えてしまう訳ですよ」
木野氏「うーん……」
筆者「逆に言うと、基準を超えたら、そんなことをしてはいけないレベルなので。そうではないけれどもゼロとも言えないという、そういうグレーなレベルの中にあるということだ

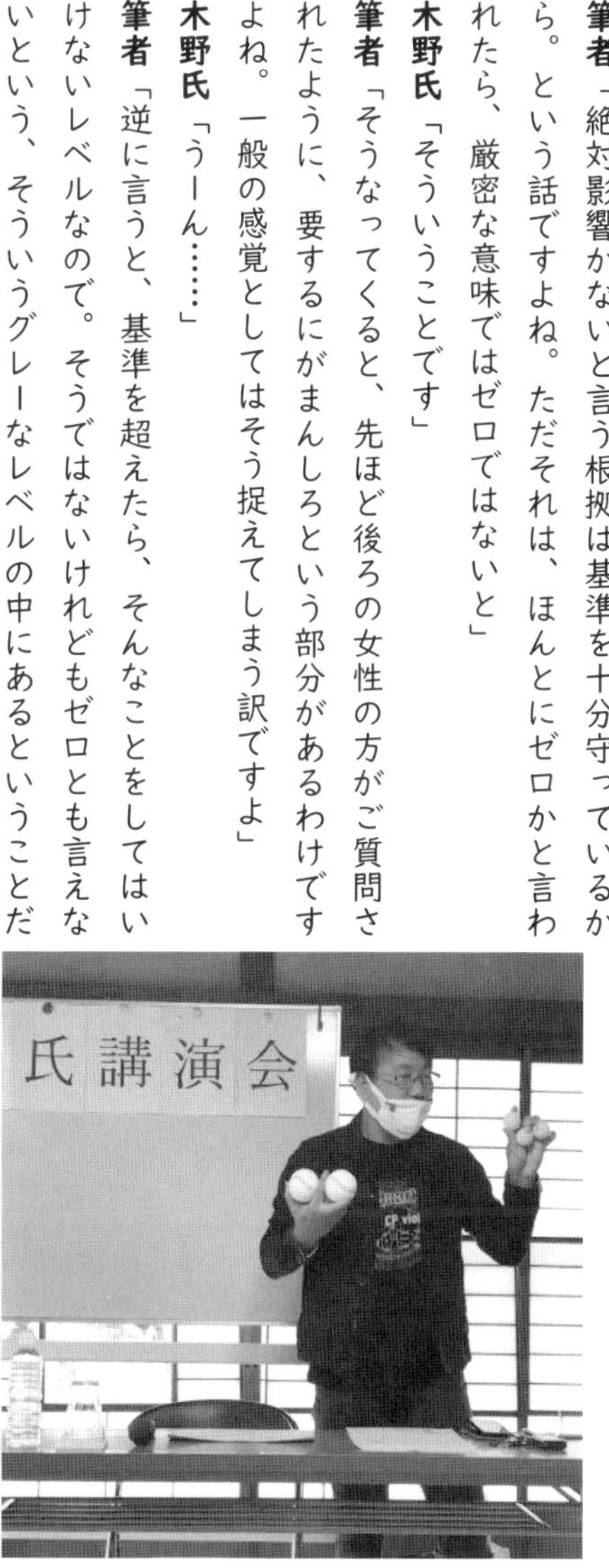

と思うんですよ。それを受け入れる場合は、一般の人の常識で言えば、それは『がまん』ということだと思います。先ほどこちらの女性がおっしゃった、『これ以上福島の人間がなんでがまんしなくちゃいけないんだ。それくらいだったら原発やめろ』という言葉にすごく共感します。海洋放出をもし進めるなら、どうしてもそれしか選択肢がないということなのであって、その中で、がまんを強いる部分もあるというところであって、いろいろPRされるのであれば、そういうPRの仕方をされたほうがいいんじゃないかなと。そうしないと、『がまんをさせられている』と思っている身としては、そのがまんを見えない形にされた上で、『安全なので流します』ということだけになってしまうので。むしろ経産省の方々は、そういうがまんを強いてしまっているところをはっきりと書く。たとえば、ALPSで除去できないものの中でも、ヨウ素129は半減期が1570万年にもなる訳ですよね。わずか微量であってもそういう物が入っているじゃないですか。炭素14も5700年じゃないですか。その間は海の中に残るわけですよね。トリチウムとは全然半減期が違うと。ただそれは微量であると。新聞の折り込みとかをたくさんやってらっしゃるのであれば、むしろ積極的にそういったマイナスの情報をたくさん載せて、『これはがまんなんです。申し訳ないです。でも、これしか廃炉を進めるためには選択肢がなくなってしまっている手詰まり状況なんです』ということを、『ごめんなさい』とちゃんと言った上で理解を得るということが、本当の意味では必要なんじゃないかと思うんですけれども」

木野氏「がまんっていうこと……がまんっていうのはたぶん感情の問題なので、たぶん人それぞれ違うとは思うんですよね。なので我々としては、『影響はゼロではないですよ。ただし、他のものと比べても全然レベルは低いですよ。ちゃんと安全は守ってます』ということを言いたいんですね。それを人によっては、『なんでそんながまんをしなきゃいけないんだ』っていう感情は、あるとは思います。なので、我々はしっかり、『安全は守れますよ』っていうのを皆さんにご理解いただきたい。という趣旨なんですね」

筆者「たぶん少しだけ認識が違うのは、原発事故については国も加害側だということだと思います」

木野氏「はい」

筆者「そういう立場の国が『基準は満たしているから。ゼロではないけれども、がまんというのは人の捉えようの問題だ』と言ってもですね。がまんさせられている人からしてみれば、原発事故の被害者だと思っている人たちからしてみれば、それはちょっと虫がよすぎると思うんじゃないでしょうか？」

木野氏「おっしゃりたいことはとてもよく分かります。ただ、何と言ったらいいんでしょうね。もちろんこの事故は東京電力や政府の責任ではありますけども、うーん……、やっぱり我々としては、この海洋放出を進めることが廃炉を進めるために避けては通れない道なんですね。なので、廃炉を進めるために、これを進めさせていただかないといけないと思っています。なのでそこを、何と言うんですかね……分かっていただくしかないんでしょうけど、感情的に割り切れないと思っている方もたくさんいるのも分かった上で、我々としてはそれを進めさせていただきたい、という気持ちです」

筆者「もしそういう風に『やはり理解していただかなければならない』と言うのであれば、最初にはやっぱり、特に福島の方々に対して、もっとお詫びとか、そういうものがあるのが先なんじゃないかと思うんですよね。今日のお話もそうですし、西村大臣の動画とかもそうですが。こういう会が開かれて説明をするとなった場合に、理路整然と『こうだから基準を満たしています』という話の前段階として、政府の人間としては、当時から福島にいらっしゃった方々、ご家族がいらっしゃった方々に対して、お詫びとか。新聞とかテレビＣＭとかやる場合であっても、『安全です』と言う前に、まずはそういう『申し訳ない』というメッセージが、『それでもやらせてください』というメッセージが、必要なんじゃないかという風に思います」

木野氏「分かりました。あのちょっとそこは、持ち帰らせてください。はい」

おわり

☆取材日記☆　経産省幹部との対話

【Chapter8】2023・8・24とその後

2023年8月24日、政府・東電が汚染水の海洋放出を始めた。国内では新たなプロパガンダが始まる。

・・・・・・・・・・・・・・・・・・・・

取材日記

【8月17日】

午後2時、国会の衆議院第一議員会館。海洋放出に反対する市民団体のメンバーたちが経産省や東電の担当者と面会した。国際環境NGO「FOEジャパン」の事務局長、満田夏花氏が険しい表情で切り出す。

「原子力市民委員会はかねてからモルタル固化処分を提案しています。反論として挙げられている水和熱の発生は分割固化、水和熱抑制剤投入で容易に対応できると考えられますが、いかがですか?」

福島市内の自宅にいた筆者はオンラインでこの会合を視聴した。淡い期待を抱いていた。海洋放出の代替案が議題の一つだったからだ。

汚染水を「すすんで海に捨てたい」と言う人はいないだろう。可能な限り他の選択肢を検討すべきだ。マスメディアはほとんど報じないが、海洋放出の他にも汚染水処分のアイデアはある。その一つが「モルタル固化案」だ。汚染水にセメントや砂を混ぜてコンクリートやモルタルをつくり、そのまま陸上や地下に保管しようというアイデアである。トリチウムの量は12年たてば半分に減る。陸上に数十年置いておけば少なくともトリチウムの影響は大幅に軽減できるというのがこの案のメリットだった。

実はこの案、似たアイデアは経産省の有識者会議でも処分方法の選択肢として挙げられていた。「地下埋設案」だ（第4章参照）。だがその時は「水和熱」などがネックになって採用されなかった。コンクリートやモルタルが固まる時、材料の水とセメントが反応して水和熱が生じる。発熱時に水分の蒸発が増え、水に含まれているトリチウムも大気中に出ていってしまう。そういうデメリットがあるということだった。

ＦＯＥジャパンの満田氏は、この日の話し合いで「水和熱がネック」説に疑義を呈した。「抑制剤を入れれば水和熱はある程度抑えることができる」という指摘だった。これに対し、東電の担当者はこう答えた。

「固化時の水分蒸発のみが課題ではございません。また、ご指摘の水和熱の発生に対応できたとしても、水分の蒸発がなくなるわけではなく、ご提案の方法が根本的な解決にはならないと考えています」

原子力市民委員会に所属する元プラント技術者、川井康郎氏が反論した。

「たしかに水和熱は発生します。ただ、あくまでも混ぜ始めて数日間、20～30度の温度上昇です。抑制剤を使えば影響は些末です。水分の蒸発がゼロにはなりませんが、含まれるトリチウムは極めて少ないと断言できます。対して海洋放出というのは、タンクにたまる約８００兆ベクレルのトリチウムを１００％海に放出するんですよね。その際のトリチウムの量と、固化時の水分蒸発にわずかに溶け込んだトリチウムの量。これを比較することは全くできないと思います。それを同じ土俵で考えてモルタル固化案を否定するのは技術的な考え方ではありません」

　この発言を受けて満田氏が東電に聞き返す。「水分の蒸発量を東電では試算しているのでしょうか？」

東電の担当者はこう答えた。「ちょっと今、その情報を持ち合わせていません」

　筆者は驚いた。蒸発量のデータを持たないまま、「水分が蒸発するからダメ」と説明していたことが判明したからだ。さすがにまずいと思ったのか、東電側はこう付け足した。

「20年に小委員会報告書が出されていて、そこでは地下埋設という処分方法については〈規制的、技術的、時間的な観点から課題が多い〉と書かれていたと認識しております」

　この件の結論はもう出ているという意味だろう。だが、満田氏の追及は続く。

「小委員会などで議論されたのは『地下』埋設ですよね。原子力市民委員会が提案しているのは『半地下』埋設案です。モニタリングが難しいとか、費用がかかるとか、地下埋設の弱点を改善した案なんです。それについて一顧だにせず、公の場で議論してきませんでした。にもかかわらず『すでに議論したからいいんだ』という感じで却下されるというのはいかがなものかと思います」

　東電の担当者はこう言うしかなかった。

「我々としては報告書の結果を受けて海洋放出が政府の方針として決められて、それに基づいて行っているというところです」

　東電は政府の方針に従っただけ、ということだった。それならばと満田氏は質問の矛先を変えた。「経産省さんはいかがでしょうか」

　経産省の担当者はこう答えた。

「えーと……。処分方法の決定にあたっては6年以上、トリチウム水タスクフォースやALPS小委員会で議論がなされていたところであります」

経産省からの回答はこれだけだった。これには原子力市民委員会のメンバーで、かつて原発の設計にたずさわっていた後藤政志氏が怒った。

「小委員会で専門家が技術的な検討を重ねたと言いますが、ここにいる皆さんからの疑問に対して正面から答えられないような、そんな委員会であるならば存在価値がない！」

経産省からは何の反論もなかった。筆者はため息をついてパソコンを閉じた。真摯な議論が聞けると思ったのに期待を裏切られたからだ。この日の会合取材ではっきりしたのは、経産省も東電も代替案をまじめに考えていないことだ。質問状は事前に提出されていた。経産省と東電が回答を準備する時間はあったはずだ。代替案がまじめに検討されないまま、海洋放出が唯一の選択肢であるかのように事態は進んでゆく。

午後5時半、岸田首相は日米韓首脳会談に出席するため、政府専用機で米国に向かった。

【8月18日】

筆者は新幹線に乗って東京へ。午前10時、東京都千代田区の首相官邸前には２００人を優に超える市民たちが集まっていた。うだるような暑さの中、横断幕やプラカードを掲げる。

〈約束を守れ！〉〈安全な陸上で保管できる〉〈福島は怒っている　汚染水ながすな〉

海洋放出に反対する市民グループ「これ以上海を汚すな！市民会議」（これ海）と「さようなら原発１０００万人アクション実行委員会」による首相官邸前アクションだ。「これ海」共同代表、いわき市の佐藤和良さんがマイクを握った。

「全国の漁業者が一丸となって反対し続けているではありませんか。そしてまた福島県民はじめ多くの原発事故被害者が、この放射性液体廃棄物の海洋投棄に反対しているんです。東日本大震災で塗炭の苦しみを味わって12年、ここまできました。沿岸漁業もようやく震災前２割の水揚げに至ったばかりです。ここで汚染水を流されたら生業が成り立ちません。会津には『什の掟（じゅうのおきて）』というものがあります。『ならぬことはならぬものです。嘘を言うことはなりませぬ』。岸田首相にこの言葉を贈ります！」

参加者たちは炎天下の官邸前から参議院議員会館に移動し、集会を続けた。急に冷房が効いた場所へ入り、汗で濡れたシャツが冷たくなる。いわき市の米山努さんが話した。

「私は海産物が好きですから毎日のように近くの海で獲れたアイナメとか、いろいろな魚を食べています」。こう話し始めた米山さんは、話の途中で涙ぐんだ。米山さんは以前、「海洋放出は福島県民にとって末代への恥だ」と話していた。放出が間近に迫り、胸が締めつけられる気持ちなのだろう。

「トリチウムは有害であることをはっきりと言っておきたいと思います。政府は問題ないと宣伝していますが、資料を調べれば調べるほど有害性にどきっとします」

セシウムなどと比べればまだマシだが、トリチウムも放射性物質であることに変わりはない。本質的に有害であり、できるだけ体内に取り込んではいけないものなのだ。政府はなんでもかんでも「薄めれば安全」という感じでゴリ押ししようとしているが、本当にそれで大丈夫なのか。米山さんはその点を指摘した。

「これ海」共同代表の織田千代さん（いわき市）はこう話した。

「海は世界につながる豊かな命のかたまりです。放射能を流し続けるという無謀なことを日本政府が行っていいはずがありません。事故を経験した大人の責任として、未来の子どもたちにきれいな海を手渡したい、約束を守ることの大切さを伝えていきたいと思うのです。海洋放出はやめてと叫び続けましょう」

織田さんは叫び続けてきた。2年前の4月13日に政府が海洋放出方針を決めて以来、「これ海」は毎月13日に反対行動を続けてきた。伝わらないもどかしさを感じながら、それでも声を上げ続けている。この声はいつになったら政府に届くのか。

岸田首相はこの日の午後、米ワシントン郊外のアンドルーズ空軍基地に到着。

【8月19日】

福島市内の自宅に戻った筆者は朝からやる気が出ない。前日からこんなニュースばかりだったからだ。

〈岸田首相は福島第一原発を20日にも訪問する方向で最終調整に入った。（中略）首相は近く関係閣僚会議を開き、月内にも放出開始の日程を判断する。〉（19日付福島民報）

そんな中、いつもお世話になっている福島の月刊誌「政経東北」編集部の志賀哲也記者から一報をもらった。

「不確実な情報ですが、岸田首相は明日の朝、新幹線でJR郡山駅に来て、帰りはいわき駅から特急に乗って帰るようです」

志賀記者が郡山駅で写真をおさえ、私は原発付近に向かうことにした。

【8月20日】

情報はビンゴだった。午前9時半、岸田首相が予定通り郡山駅に到着した。「駅で出迎えたのは自民党の支援者らしき数人だけですね。反対する人たちの集会はなかったです」と志賀さんが教えてくれた。岸田首相がせっかく福島に来たのに、地元の人々の声を聞く機会がないのは残念だ。なんとか一言だけでも福島の市民の声を聞かせたい。筆者はそう思い、原発近くから福島市内に住む宍戸幸子さんに電話をかけた。宍戸さんは連日のように街頭で海洋放出反対をうったえている人だ。きっと一緒に来てくれると思った。「岸田首相の移動ルートが分かりました。今から出かけられますか？」「もちろん！」

福島市内に戻った筆者は宍戸さんをピックアップ。いわきへ向かうことにした。第一原発周辺はバリケードで囲まれているため一般車両は近づけない。宍戸さんが首相に近づけるのはいわき駅で列車に乗るタイミングしかないと判断した。正午すぎ、いわき駅に到着。警察官が歩き回っているなか、改札を出たところの広場で首相の到着をひたすら待つ。宍戸さんは大きな厚紙を脇に抱えていた。警察官に中身がばれると警戒されるので、新聞紙で覆っていた。

午後3時すぎ、特急ひたちのホームに降りようとする集団を発見。中央に首相の姿を認める。警察の規制で近づけない。隣にいた宍戸さんはまだ気づいていなかった。筆者はカメラを構えながら「来た！」と叫んだ。宍戸さんは一瞬「どこ？」と戸惑ったが、気を引き締めて大きな声で叫んだ。

「海洋放出は絶対反対ですから！　反対ですから！」

新聞紙の覆いをはぎとり、手書きのポスターをかかげた。

〈反対してるのに！　海洋放出するな〉

首相の姿が見えたのはわずか数秒だった。宍戸さんの声は届いただろうか？

岸田首相はこの日、原発構内で東電の最高幹部たちと面会、報道対応も行った。しかし、福島の人びとと語り合う時間は作らなかった。

【8月21日】

午後2時、福島市内のホールで「福島円卓会議」が始まった。海洋放出や廃炉の問題を議論するために県内の有識者や市民が集まった会議だ。呼びかけ人には福島大学の教授らが名を連ねている。静まり返ったホールに、事務局長を務める林薫平・福島大准教授の声が響いた。

「一、今夏の海洋放出スケジュールは凍結すべきである。二、地元の漁業復興のこれ以上の阻害は許容できない。三、……」

林氏が読み上げたのは「緊急アピール」の文案だった。円卓会議はこの夏に発足。7月11日と8月1日に会合を開き、この日が3回目だ。議論を重ねるにはまだ時間が必要だったと思うが、状況を鑑みて緊急アピールを発出することになったという。約2時間にわたって参加した市民たちと意見交換を行い、その場でアピールの文面を固めた。福島大元学長の中井勝己氏は「この緊急アピールがまさに福島県民の思いだと考えている」と述べ、地元不在で物事が進むことへの危機感を示した。

この会議がもっと早く始まってほしかった。内堀雅雄福島県知事が海洋放出に対する賛否を示さず、結果的に政府・東電の計画を追認してしまっているのが現状だ。地元福島の有識者が自主的に集まり、意思表明することには大きな価値がある。誰でも会合に参加でき、挙手すれば意見を述べられるという進行方法もいい。事務局は政府や東電にも出席を求めているが、これまでの会合には誰も参加していない。「丁寧に説明する」という政府・東電の言葉がいい加減なものだということが、ここでも確認された。

午後4時、岸田首相は全国漁業協同組合連合会（全漁連）の坂本雅信会長を官邸に呼んだ。福島県漁連の専務理事も同席した。報道によると、坂本会長は首相との面会後にこう話した。「約束は破られてはいないけれど、果たされてもいない」

【8月22日】

午前10時、関係閣僚等会議が開会。岸田首相が「具体的な放出時期は8月24日を見込む」と発表する。

午後になって頼みの志賀記者から連絡が入った。2時半から西村康稔経産相が県庁を訪ね、内堀知事と吉田淳・大熊町長、伊澤史朗・双葉町長と面会するとのこと。県庁に取材を申し込んだら「経産省のほうで受け付けを行っています」。経産省も「すでに取材の募集を締め切った」とにべもない。仕方がないのでマスメディアの記者たちが会議室の中で取材する中、筆者はこそこそと壁に耳を当てて室内の様子をうかがった。

「県内は新たな風評が生じるのではないかという強い懸念と、一日も早い復興を成し遂げなければならないという思いとの葛藤を抱えています」

内堀氏が落ち着き払った口調でこう話すのが聞こえた。西村氏に続き、同じ会場で東電ホールディングスの小早川智明社長が内堀氏や両町長と面会した。終了後、地元首長たちによる報道陣への取材対応の時間があった。いい機会だ。海洋放出についてどう考えているのか。このまま福島県としての考えを示さず、国に追従してばかりでいいのか。内堀氏にこの点を聞いてみようと思った。数年来、彼が正面から答えなかった質問だ。今回も同じかもしれない。しかし、こちらから質問しなければ、「この期に及んでまともに答えなかった」という記録を残せない。報道陣の最前列に立って挙手した。

筆者「フリーランスの牧内といいますが、何点かうかがいます」

内堀氏「すみません。時間の関係があるので一点でお願いします」

筆者「一点？」

内堀氏「はい」

筆者「これまで何度も聞かれていると思いますが、そもそも内堀さんは海洋放出に賛成なんでしょうか、反対なんでしょうか。理解を示しているのでしょうか、示していないのか。その点を明らかにしてもらいたいと思います」

内堀氏「はい。今ですね、二つの中の選択肢で選んでくれというお話がありました。きょう私が経済産業大臣そして東京電力の社長にお話した内容、非常に複雑多岐な内容を含んでいます。漁業者の皆さんの思いも含んでいます。また、処理水の海洋放出に反対の方の意見も入っています。一方でまさに立地自治体であったり、避難地域12市町村の復興を前に進めたい、あるいは福島県の風評というものをしっかりなくしていきたいという県民の皆さんの思いも入っています。二つの選択肢の中のどちらかを選ぶということは、原子力災害の問題では極めて困難だと考えています。そのうえで広域自治体である県としては、それぞれの立場の真剣な思いというものを福島県の意見の中に取り入れつつ、これまで政府高官に対する要請を21回、また、復興推進委員会、復興再生協議会等の場において26回、この2年4か月の間にお話をしてきました。一言で結論を出すことが難しい。それがこの原子力災害の葛藤だと考えています」

筆者「政治家としては決断を下すのが仕事だと、」

筆者が再質問しようとすると、内堀氏はそれをさえぎって他の記者を指差し、「お願いします」と別の質問をうながした。すかさず県庁の広報担当が知事に加勢し、筆者をたしなめた。

広報担当「一問限りでお願いいたします」

筆者「ダメなんですか？」

広報担当（筆者を無視して）「じゃ、河北新報さん」

内堀氏（河北の記者のほうを向いて）「どうぞ」

やはり内堀氏は最終局面になっても海洋放出の是非について判断を示さなかった。「原子力災害の問題は二つの選択肢のどちらかを選ぶのが極めて困難だ」と言う。だが、いろいろな人と話し合ったうえで正解のない問題に決断を下すのが政治家の仕事だろう。福島県には原子力緊急事態宣言が出されている。まさに今、原子力災害は継続中である。「どちらかを選べない」人が行政トップの座に就いていて大丈夫だろうか（ちなみに複数質問した記者もいたことを付記しておく）。

【8月23日】

「今年の5月から裁判を準備してきました。原告数は100人を超えることを目指しています」。午後2時、いわき市文化センターの会議室で、広田次男弁護士が海洋放出の差し止めを求める裁判を起こすと発表した。県内外の漁業者や市民が原告、国と東電ホールディングスが被告となる。海洋放出によって漁業者たちは生存の基礎となる生業を破壊される。一般の人びとも汚染されていない環境で平穏に暮らす権利を奪われる。漁業行使権、平穏生活権が侵害されるとの主張だ。広田氏らがまとめた訴状には「福島県民の怒り」があふれていた。

原告らはいずれも「3・11原発公害の被害者」であり、「故郷はく奪・損傷による平穏生活権の侵害」を受けた者であるという特質を備えている。したがって、ALPS処理汚染水の放出による環境汚染は、その「重大な過失」によって放射能汚染公害をもたらした加害者が、被害者に対して「故意に」行う新たな加害行為である。原告と被告東電・被告国の間には、二重の加害と被害の関係がある。本件訴訟は、二重の加害による権利侵害は絶対に容認できないとの怒りをもって提訴するものである。

9月8日に第一次提訴があるという。海洋放出をめぐる法廷闘争がいよいよ始まる。

【8月24日】

午前9時、筆者は大熊町夫沢付近にある国道6号線の交差点に到着した。交差点から車を東に進めれば福島第一原発の敷地に至る。その道は当然封鎖され、一般車両は通行できない。原発に近づけるとしたら、この交差点までだ。

海洋放出に反対する人びとが交差点に集まってきた。放出は午後1時の予定だと報じられていた。放出前最後の抗議になるだろう。人びとは横一列に並ぶ。歩道に沿って〈海に流すな〉と書かれた横断幕をかかげる。ここでもリレースピーチが行われた。このエリアを歩いている人はいない。主に報道陣へ語りかける。

南相馬市の佐藤智子さんがメガホンを握った。

「海は誰のものでしょう。みんなのものです。決して政治のトップや官僚や大企業だけのものではありません。なのに、私たちが住む地球の美しい環境を汚すっていうことに私はすごく憤りを感じます。私たち大人はまだいいですよ。子どもや孫、次世代の人たち、動植物の命を侵すことになる。私は肌でそう感じています。主婦です。単なる主婦。主婦がそう思うんです。そういうほうが案外当たっていると思います。陸上保管！海洋放出反対！」

佐藤さんは「メディアの方々、きちんと報じてください」と語りかけた。だが、集まった報道陣はそれほど多くない。しかも半分ほどは海外メディアだった。筆者も韓国・京郷新聞のイ・ユンジョン記者から頼まれ、現地にお連れしていた。

元原発エンジニアの今野寿美雄さんがメガホンを受け取った。浪江町から福島市に避難し、今も福島市内に住んでいる。

「流したら福島県の恥だよ。福島も宮城も漁業は壊滅します。魚はもう食えなくなっちゃうよ。政府は全然科学的じゃない。原発のエンジニアとして言います。トリチウムは危険です。海はゴミ捨て場じゃないよ。それでなくても運転中の発電所からトリチウムが流れている。でも、今流そうとしているのは汚染水だよ。トリチウムだけじゃないよ。薄めて流すと言うけど、薄めたって総量は一緒です。生体濃縮した魚を食べたら人間の体にも入ってくるんです。水俣病で分かったのに同じことを繰り返そうとしているんです。馬鹿じゃないの？」

原発で働いてきた今野さんは事故後、子どもたちを無用な被ばくから守るための裁判で原告団長を務めてきた。放射線の怖さを肌身で感じてきたからだろう。怒りが止まらない。話しているうちに顔が紅潮してきた。

「汚染水流すのやめろ！　ここに爆弾あるんだったら投げつけたいよ。ほんとに……。ふざけんな！」

南無妙法蓮華経、南無妙法蓮華経……。原発の方角へお経を上げている人がいる。千葉県にある妙法寺の法尼、矢向由季さんだ。法尼の声は時に穏やかに、時に力強く、寄せては返す波のように延々と続く。南無妙法蓮華経、南無妙法蓮華経……。

午後1時すぎ、予定通り海洋放出が始まった。ＮＨＫはヘリコプターを飛ばして上空からの映像を中継している。そのくせ報じている内容は政府の言い分がベースだ。本当に安全であり、何の不安もないならば、ヘリを飛ばしてまで大げさに伝える必要があるのだろうか。経過は大きく報じるものの、肝心の「是非」についてはっきりした考えを述べない。そのうえ反対意見は丁寧に拾わない。結果として政府を後押しする役割を果たす。多くのマスメディアに対して筆者は同様の印象を抱いている（「風評被害」

を強調するだけでは､じゃあ賠償しますという話にしかならない。本来必要なのは代替案などの検証だ）。この日一緒に取材したイ・ユンジョン記者は「なぜ日本では大規模な反対運動が起こらないのでしょうか」と不思議がっているが、声を上げている人は確かにいるのだ。それを伝えていないメディアの責任が大きい。報道に携わる者の端くれである筆者も含めて。

双葉町にある産業交流センターの屋上階にのぼった。福島第一原発の近くでは数少ない高層建築である。正面に太平洋が見える。海は、変わらず青い。しかし私たちは次世代まで責任をもてるだろうか。

8月24日は、新たな負の記念日として記憶された。

「食べて応援」にだまされるな

关于全面暂停进口日本水产品的公告（日本産水産物の輸入全面停止に関するお知らせ）

汚染水の海洋放出が始まった23年8月24日、中国の税関当局がこう発表した。放射能汚染のリスクを防ぎ、消費者の健康と食品の安全を確保するためだという。同じく香港も福島など10都県からの水産物輸入を禁止した。日本から海外への水産物輸出額（22年）を見ると、第1位が中国の871億円、2位が香港の755億円だ。両者が輸出額全体の約4割を占める。そんなお得意様との取引がこの日を境に露と消えてしまった。大方の予想通り（「想定外」などと語る閣僚もいたが）、海洋放出は国内の水産業に大きな痛手となった。

この状況を打開するため、日本政府が力を入れたのは「食べて応援」プロパガンダだった。先頭を走るのは「全責任をもつ」と豪語した岸田文雄首相だ。8月31日には東京・豊洲市場を視察。魚の仲卸業者らと話してこの問題に関心を持っていることをアピールした。また前日の30日にはX（旧ツイッター）の首相官邸アカウントからこんな動画を発信した。

首相が西村康稔経産相や鈴木俊一財務相らと食卓を囲む。食膳に並ぶのは、ヒラメ、スズキ、タコなど「常磐もの」と呼ばれる福島県産の水産物。刺身かなにかを口に入れた首相が、ややわざとらしく言う。「おいしいです！」

官邸発のキャンペーンは瞬く間に広がった。野村哲郎農林水産相は各省庁の食堂に国産水産物のメニューを追加するよう要請。浜田靖一防衛相は自衛隊の駐屯地や基地で国産の魚を使う方針を示した。東京の小池百合子氏、大阪の吉村洋文氏、愛知の大村秀章氏…。各地の知事たちも競って常磐ものを食べ、その姿をメディアに報じさせた。

経済界もこの流れに従う。「財界総理」とも言われる経団連会長の十倉雅和氏は9月上旬、「中国の対応は極めて遺憾だ」と発言。全会員企業に対して社員食堂や社内外での会合時に国産水産品を活用するよう呼びかけた。日本商工会議所も東京・帝国ホテルで開いた懇親会の料理に福島の魚を出し、消費拡大ＰＲに一役買った。

官民合同の「食べて応援」キャンペーンは自然発生的なものではない。下地作りには国の予算が使われている。「魅力発見！三陸・常磐ものネットワーク」という事業がある。産業界や全国の自治体に参加をつのり、社員食堂や社屋に出入りするキッチンカーなどで三陸・常磐ものの食材を扱うように促すものだ。この事業、経産省が海洋放出に伴う需要対策基金を使ってJR東日本企画に委託している（29ページ参照）。２０２２年度の委託額上限は8千万円、23年度は1億7千万円である。同ネットワークのホームページによると、参加企業・団体数は23年10月16日現在で１０９０者だ（うち一部を表に掲載した）。「原子力ムラ」ならぬ「海洋放出ムラ」が形成された感がある。

言論統制の流れもできつつある。「汚染」という言葉を使うと大バッシングを受ける事態になっている。象徴的だったのは、野村農水相による「失言」問題である。水産業支援の前面に立つべき野村氏は23年8月末、「ALPS処理水」ではなく「汚染水」という言葉を使った。そのことが報じられた直後、岸田首相が発言の撤回と謝罪を指示。野村氏はこれに従って謝り、しかも翌月の内閣改造で大臣職を退任させられた。

海洋放出に反対している共産党でも気になる動きがあった。同党の元地方議員（広島県内）がXへの投稿で「汚染魚」という表現を使った。ネットで炎上し、党本部もこれを問題視。この元議員は党公認での次期衆院選への立候補を取りやめることになった。確かによくない表現だが、やや過剰な反応のようにも思える。右を向いても左を向いても「食べて応援」ばかりの異様なムードになってしまっている。

そんな中、政府は9月4日、「水産業を守る政策パッケージ」と題して中国の禁輸への対抗策を発表した。この中にも「食べて応援」が入った。

公表された政策の柱は、①「国内消費拡大・生産持続」、②「風評影響への対応」、③「輸出先の転換」、

④「国内加工体制の強化」、⑤「迅速かつ丁寧な賠償」の五つだ。順番から言えば①の「国内消費拡大・生産持続」が特に期待されていると考えていいだろう。その①の内容として最初に挙がっていたのが、「国内消費拡大に向けた国民運動の展開」だった。

要するに「食べて応援」を国民運動のレベルに高めようというものだ。政府が具体策として挙げているのは、「ふるさと納税の活用」である。ふるさと納税で寄付を受けた自治体は、返礼として地域の特産品を贈る。海洋放出後、福島の漁業の拠点であるいわき市にふるさと納税し、返礼品として海の幸をもらう人が増えた。この現象を加速させれば国産水産物の買い支えができるという発想である。いわき市へのふるさと納税増は、水産業の衰退を心配した市民一人一人の自発的な行為だったと考えられる。日本政府はこうした市民の心情に便乗し、これを「国民運動」として推し進めようとしている。経産省によると、他には学校給食で国産の魚介類を使うことなどが国民運動に該当するという。福島で拒否された「給食利用案」がここでまた出てきた。

嫌中プロパガンダに発展？

政府が「食べて応援」を国民運動に祭り上げたのと同じタイミングでこんな新聞広告が世に出た。

日本の魚を食べて中国に勝とう

岸田首相が三陸常磐ものを食べる動画。出典：X（twitter）

国基研が新聞各紙に載せた意見広告

「魅力発見！三陸・常磐ものネットワーク」参加企業・団体の例

・自治体

愛知県、青森県、茨城県、岩手県、大阪府、神奈川県、埼玉県、千葉県、東京都、長野県、兵庫県、福島県、宮城県、石巻市、いわき市、大阪市、桐生市、さいたま市、塩竈市、南あわじ市、宮古市、矢板市、女川町

・企業等

IHI、旭化成、ENEOS、沖縄電力、鹿島建設、関西電力、九州電力、共同通信社（一般社団法人）、産経新聞社JTB、四国電力、セブン＆アイ・ホールディングス、中国電力、中部電力、電気事業連合会、東レ、東京電力ホールディングス、東邦銀行、東北電力、トヨタ自動車、日本経団連、日本原子力研究開発機構（JAEA）、日本原子力産業協会、日本原子力発電、日本原燃、東日本旅客鉄道、福島イノベーション・コースト構想推進機構福島県漁連、福島民報社、福島民友新聞、北陸電力、北海道電力

・政府機関等

外務省、カジノ管理委員会事務局、環境省、金融庁、宮内庁、経済産業省、警察庁、原子力規制庁、原子力損害賠償・廃炉等支援機構（NDF）、公正取引委員会、厚生労働省、国土交通省、財務省、消費者庁、人事院、総務省、内閣官房、内閣府、農林水産省、復興庁、防衛省、法務省、文部科学省

※同ネットワークのホームページを基に筆者作成

この意見広告を出したのは「国家基本問題研究所」という団体だ。保守派の論客として知られる櫻井よしこ氏が理事長を務めている。中国脅威論を根拠として日本の軍事力強化などを主張している人物だ。広告には同氏の写真と共にこんな主張が書いてあった。

おいしい日本の水産物を食べて、中国の横暴に打ち勝ちましょう。（中略）中国と香港への日本の水産物輸出は年間約1600億円です。私たち一人ひとりがいつもより1000円ちょっと多く福島や日本各地の魚や貝を食べれば、日本の人口約1億2千万人で当面の損害１６００億円がカバーできます。安全で美味。沢山食べて、栄養をつけて、明るい笑顔で中国に打ち勝つ。早速今日からでも始めましょう。

苦境に陥った水産業者を支えたいという気持ちは理解できる。また、海洋放出の直後、原発とは関係ない公共施設などに対して、中国の国番号（86）から抗議の電話が殺到したという出来事もあった。県内の飲食店なども迷惑を被ったという。これらの行為はよくない。だが、そうしたことを考慮しても、隣国を過度に敵視する言説には全く賛同できない。

「新しい戦前」は海洋放出から？

思い出すのは日本がアジア太平洋戦争を起こした頃のことだ。１９３７年の日中戦争をきっかけに、国民の戦意高揚をはかり、最大限の国力を戦争に注ぎ込むための「国民精神総動員運動」が始まった。街中には〈ぜいたくは敵だ！〉〈欲しがりません。勝つまでは〉などの標語が掲げられた。食料不足を防ぐため、〈何がなんでもカボチャを作れ〉というポスターまで貼り出された。戦争に反対する人や協力的でない人は「非国民」と呼ばれた。

同じようなことが起きていると筆者は感じる。マスメディアの報道やSNSは〈食べて応援！〉〈STOP風評被害〉というメッセージであふれている。政府の言う「ALPS処理水」ではなく「汚染水」と呼んだだけで「非国民だ！」と非難されるような現状もある。

大物芸能人のタモリ氏は22年末、「来年はどんな年になるでしょう?」と問われた時に、「新しい戦前になるんじゃないでしょうか」と答えた。海洋放出をめぐる中国とのやりとりや日本国内のムードを眺めた時、タモリ氏の言葉が急速に現実味を帯びてくる。

ここは原点に戻って考えたい。自主的な「買って応援」を否定するつもりはないが、大々的にやればやるほど本質を覆い隠してしまう。今回の水産業者の苦悩を引き起こしたのは一体誰だろうか? 魚の輸入を停止した中国政府だろうか? いや、違う。そもそもの原因を作ったのは日本政府と東京電力だ。原発事故を起こし、首相が「アンダーコントロール」などと言っておきながら汚染水の発生を食い止めることができず、挙句の果てに海洋放出してしまった。しかも隣国の理解を十分に得ないまま強行したため、国内の水産業に深刻な事態を招いた。本来批判されるべきは日本政府と東電だ。私たち市民は問題の本質を冷静に見極めなければいけない。

「ALPS処理水は安全」という海洋放出プロパガンダは、放出スタート後、「食べて応援」プロパガンダに置き換わった。いずれにしても海洋放出をめぐる合意の捏造が続いていることに変わりはない。

青天井のコスト

先ほど、中国の禁輸に対抗して日本政府が打ち出した「水産業を守る政策パッケージ」について書いた。ここで第4章を思い出してほしい。コスト面が決め手の一つになって海洋放出は選ばれたはずだった。だが、実際のコストはふくらみ続けている。

海洋放出は当初17～34億円で済むと試算されていた。福島第一原発の港湾部から海に流すことを想定していたからだ。ところが後になって計画が変わり、海底トンネルを掘って原発の沖合1キロから放出することになった。そのため工事費用は想定よりも大幅に増えた。

「処理水放出に430億円　福島第1原発　東電見通し」

東京電力は12日、福島第1原発の処理水海洋放出の関連費用が、2021～24年度の4カ年で計約430億円に上る見通しだと明らかにした。費用全体の見積もりを示すのは初めて。

2022年4月13日沖縄タイムス

海底トンネル工事に350億円、放射性物質のモニタリング設備に30億円など、お金がかかるようだ。この時点で16年当時の試算から約10倍になっている。

もちろん海洋放出に伴う費用は「本体工事」だけではない。再三書いてきた通り、政府はテレビCMなどを使って「理解醸成」や「風評」対策の事業を行ってきた。こうした費用は主に、経産省がつくった二つの基金から出ている。

【基金①ALPS処理水の海洋放出に伴う需要対策基金】：300億円

テレビCMなどの海洋放出PR事業を行う（30億円）。海洋放出後の需要減に備え、水産業者に対して、水産物の一時買い取りや事業資金の借り入れを支援する（270億円）。

【基金②海洋放出に伴う影響を乗り越えるための漁業者支援基金】：５００億円
全国の漁業者に対して「新しい漁具の購入経費」「燃油コスト削減に向けた取り組み」「省エネ機器の導入」などを支援する。

広報事業と漁業者支援のために合計８００億円が投じられることになる。基金①は「売り上げ減」対策だが、基金②はごく一般的な漁業者支援だ。原油価格の高騰などで全国の漁業者が打撃を受けているのは間違いないが、海洋放出の問題と絡めて支援するところに疑問を感じる。この８００億円、正確に言えば広報事業の30億円をのぞいた７７０億円は、海洋放出に反対する漁業者たちへの「懐柔策」と言える。これら二つの基金だけではない。経産省は他にも、東日本大震災の被災地支援に関わるいろいろな政府予算が「海洋放出のために使える」と言っている。政府会議の資料に基づいて一例を紹介する。

【原子力災害等情報発信事業費補助金】：１・９億円
原子力災害伝承館における理解醸成活動を支援

【風評払拭・リスクコミュニケーション強化対策】：20億円
風評の払拭、ＡＬＰＳ処理水に対する理解醸成、諸外国・地域における日本産品に対する輸入規制撤廃などのための国内外への情報発信

【水産業復興販売加速化支援事業】：40・5億円

福島県など被災地域における水産加工業の販路回復を促進する取り組みを支援

【被災地次世代漁業人材確保支援事業】：7億円

漁業の新規就業者への長期研修や漁船・漁具の導入支援について、福島県に加え近隣県でも実施できるよう対象地域を拡大

【ブルーツーリズム推進支援事業】：2・7億円

ALPS処理水の海洋放出による風評への対策として、岩手県から茨城県における海の魅力を高めるブルーツーリズムの推進のための取り組みを支援

ごく一例を挙げた。詳しくは政府の資料を読んでほしい。これらの事業がすべて「海洋放出のため」というわけではない。だから「合計でいくら」とは表現できないが、政府が基金の800億円以外にも予算を使って海洋放出をプッシュしようとしているのは明らかだ。

これに加えて前述の「水産業を守る政策パッケージ」がある。23年度予算からさらに207億円の予備費を使うという。

東電の工事費用（430億円）＋基金（800億円）＋水産業を守る政策パッケージ（207億円）

＋その他政府予算（？）

海洋放出によって生じる損害を軽減するために、日本政府はすでに1千億円以上を使うことにしている。東電の工事費用も含めればコストは1500億円近くになる。
くり返しになるが、海洋放出案は当初、「34億円」という触れ込みで世に出てきた。それがいつの間にか、この大出費である。今後さらに増えることも考えられる。本当に海洋放出しか方法はないのか。コスト面からも、もう一度考えるべきだろう。

わずか2か月で下請け作業員が被ばく

海洋放出開始から約2カ月後の23年10月25日、東電は報道関係者に以下のメールを送った。

福島第一原子力発電所　協力企業作業員における放射性物質の付着について　本日午前10時40分頃、増設ALPSのクロスフローフィルタ出口配管（吸着塔手前）の洗浄を行っていた協力企業作業員5名に、配管洗浄水またはミストが飛散しました。午前11時10分頃、このうち協力企業作業員1名の全面マスクに汚染が確認され、またAPD（β線）の鳴動を確認しました（以下略）

作業員5人のうち2人は原発からの退域基準（1平方センチメートルあたり4ベクレル）まで除染することが難しいと判断され、県立医大病院まで搬送されたという。幸いなことに搬送された2人は3日後に退院したそうだ。しかし、極めて深刻な事態が起きたことに変わりはない。東電によると、被ばくによる作業員の入院は２０１１年３月24日以来である。

東電は２０２３年中に合計３回、海洋放出を行う予定を組んでいた。１回目が８月24日に始まり、９月上旬に終わった。事故が起きたのは２回目の放出が終わり、３回目に向けて準備中の時期だった。ＡＬＰＳは止まり、設備のメンテナンスが行われていた。ＡＬＰＳを稼働すると配管の中に炭酸塩がたまる。これを除去するための洗浄作業が行われていた。作業中にいくつかの要因が重なり、現場の作業員に放射性物質を含む洗浄廃液がかかってしまった。

このＡＬＰＳ配管洗浄作業は原発メーカーである東芝（東芝エネルギーシステムズ）が東電から請け負っていた。東芝と東電による事故後の分析では、現場の管理体制がメチャクチャだったことが露呈した。最も致命的だったのは、現場の作業員たちが放射性物質から身を守るためのアノラック（カッパのようなもの）を着ていなかった点だ。放射性液体を扱う作業ではアノラック着用のルールがあったのに、作業員たちは「液体が飛散する可能性はない」と考え、着用していなかった。東芝の工事担当者や放射線管理員もそれを指摘しなかった。そもそも、作業員たちを指揮する立場の「作業班長」が別の現場に行っていて不在だった――。アノラック着用も作業班長の常駐も安全のために必ず守らなければならないルールだ。それが守られていなかった。

危機感が薄い東電幹部

この事態を東電幹部はどう受け止めているのか。筆者は事故から約1か月後の11月30日に開かれた福島第一廃炉推進カンパニー・小野明プレジデントの記者会見でこの点を聞いた。

――本日の話に出てこなかったのですが、10月25日の作業員被ばくについて、総括をうかがいます。

小野　本件に関しては近隣の皆さま、社会の皆さまにご心配をおかけしていると思います。申し訳ございません。当社は福島第一の廃炉の実施主体として適切な作業環境、健康維持に関する責任が当然ございます。私としては今回の事態を非常に重く受け止めております。原因究明、再発防止に向けてヒアリングなどを実施し、元請けの東芝において我々の要求事項が一部順守されていないことが確認されています。是正を求めていますが、併せてそこを確認できなかったことは我々の責任ですので、非常に重く受け止めておりまして、確認を強化しています。

――認識がかなり甘いんじゃないかというのが正直なところです。東芝に対して「是正を求める」という対処だけでいいのかどうか。

小野　東芝には我々の要求事項をしっかり守ってくれとお願いしてますが、本当にそれができているかは我々が確認しなければいけないと思っています。今回請負体制のところが3次までやっています。請負の体制も含めて実際のやり方がよかったかというところ、今後どうしていくべきかというところまで

図：事故現場、多重請負の構図

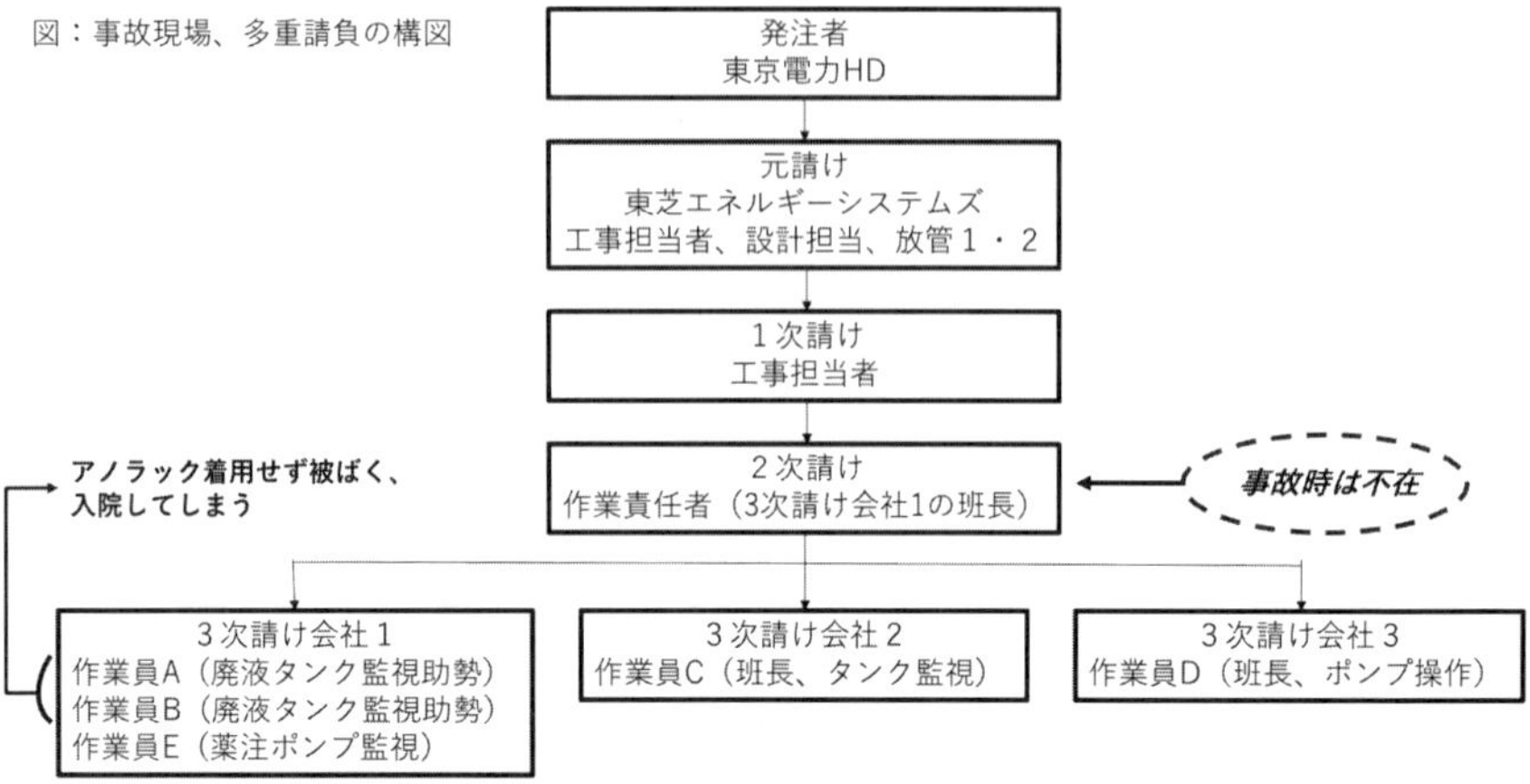

発注者
東京電力HD

元請け
東芝エネルギーシステムズ
工事担当者、設計担当、放管１・２

１次請け
工事担当者

２次請け
作業責任者（3次請け会社1の班長）

事故時は不在

アノラック着用せず被ばく、入院してしまう

３次請け会社１
作業員A（廃液タンク監視助勢）
作業員B（廃液タンク監視助勢）
作業員E（薬注ポンプ監視）

３次請け会社２
作業員C（班長、タンク監視）

３次請け会社３
作業員D（班長、ポンプ操作）

踏み込んで少し検討したいと考えています。

――3次下請けまでつながる多重請負構造も含めて見直しの余地が現実的にあるということでしょうか。

小野　東芝といろいろ話をしていく中で、彼らが元請けとして現場を管理してないなというのが私の印象でありました。そういう意味で、本当に今回東芝に出す（発注する）のがよかったかは少し検討する必要があるのではないかと思っています。もっとしっかりした管理ができるところもあるのではないかと思いますので、実際に東芝から変えるかどうかは別としても、元請けとしてのあり方、今の請負体制のあり方は検討してみたいと思います。

小野氏の会見で感じたことがいくつかある。一つ目は、東電は「（元請けだった）東芝のせいだ」と思わせたいのではないか、ということだ。

この作業は多重請負体制の下で行われていた。東電が東芝に発注し、東芝が3次下請けまで使って現場作業を行っていた（図）。小野氏は会見で今後の発注停止をちらつかせるなどし、原発メーカー東芝への不信感、「信頼してきたのに裏切られた」感を醸し出していた。当り前のことだが、いくら東芝が悪くても、それによって東電が責任を免れることはあり得ない。東芝の現場管理体制を十分にチェックできていなかったのは東電だからだ。

記者会見でもう一つ感じたのは、東電幹部の危機感が薄すぎるのではないか、という点だ。

――東電トップの小早川社長は事故の現場を視察したのでしょうか。

小野　小早川自体はまだ来ていませんが、このあと、彼はこちらの方に来て、実際に現場を確認したり、我々と議論をしたり、という予定は今あります。

――今回の件で海洋放出のスケジュールに何らかの影響は。

小野　海洋放出の作業は本事案とはかなり体制が異なっていますし、取り扱っている水の種類、それから装置関係も異なっています。そういう意味で本件と同様の身体汚染が起こるリスクは非常に低いと思っていますし、放出には影響ないと考えています。

――今回の件は作業員が入院するという点ではかなり重大だったんじゃないかと考えています。頭の体操として、どういった場合に実際に海洋放出をいったん止めるのか。かなり深刻な事案だったけどスケジュールには全然影響ないとなると、何があってもこのまま海洋放出が続くんじゃないかと思わざるを得ないのですが。

小野　先ほども申した通り、まず、扱っている水の種類が全く違うということはご理解いただければと思います。我々としては今回の件をしっかりと踏まえ、体制とか手順、装備品等を確認して、海洋放出の作業に万全を期していきたいと考えております。

今回の事故は設備のメンテナンス中に起きた。関わっていたのは東芝とその下請け業者だ。実際の放出作業は東電社員だけで運転している。「だから大丈夫だ」と小野氏は言いたげだが、「東芝より東電を信頼する」という人は果たしてどれくらいいるだろうか。

東電ホールディングスの小早川智明社長は事故から1か月たっても現場を視察していないという。思い出すのは、海洋放出が始まる2日前の23年8月22日のことだ。小早川氏は福島県庁で内堀雅雄知事らと面会した。終了後、内堀氏に続いて小早川氏も報道対応を行った。筆者は「万が一基準を超えるような汚染水が放出された場合、誰の責任になるのか、小早川社長の責任問題に発展すると考えてよろしいか」と聞いた。小早川氏は「私の責任の下で、安全に作業を進めるように指示してまいります」と答えた。「安全に」という言葉には当然、「作業員の安全」も含まれているはずだ。実際に被ばく・入院する事態が起きたが、小早川氏は「自らの責任の下で」十分に対処しているだろうか。はなはだ疑問である。

このままスルーしていいのか？

こんな事故が起きたにも関わらず、東電は23年に計画していた海洋放出をすべて予定通り実行した。下請け作業員の被ばく事故など、まるで「なかったこと」のような扱いである（先述した11月30日の記者会見で、小野氏ら東電幹部は海洋放出の進捗を説明したが、本件事故について自分たちから切り出すことはなかった。質疑応答の時間に筆者が質問して初めて答えた。記者側が聞かなければ「終わったこと」「なかったこと」になっていたのである）。

また、マスメディアも東電と同じくらい危機感が薄いと感じるのは筆者だけだろうか。たとえば地元主要紙の福島民報である。事故翌日（10月26日）の朝刊に載った記事は、第1社会面（テレビ欄の裏）のマンガ下、2段見出しだった。原稿の締め切り時間などの事情もあるだろうが、1面に必要な記事だろう。また、東電が事故原因を発表した次の日（11月17日）の朝刊も、第2社会面に短い記事が載っただけである。一方、事故前の10月22日付朝刊には「東電があす、2回目の海洋放出を完了する」という記事が1面にあった。放出スケジュールに比べて事故の報道が小さいように感じる。これも海洋放出をめぐる合意の捏造の一つと言えるだろう。

数十年も海洋放出を続ける中で「ノーミス」などあり得ない。そう思っていたが、さすがにわずか2か月で作業員が入院するとは思わなかった。国際原子力機関（ＩＡＥＡ）は「海洋放出が人や環境に与える影響は無視できる程度だ」と言う。しかし、これは現場の放出作業が完璧に行われた場合の話、いわば理論上の話だ。実際には配管の劣化とか現場でなければ気付けない問題がたくさんあるだろう。10月の事故は設備のメンテナンス中に起きたが、なんらかの事故が稼働中に起きないと言い切れるのだろうか。それらを考慮した場合のリスクは本当に「無視できる程度」なのだろうか。

【おわりに】

合意の捏造を打ち破れ！

2023年5月16日、ネオン輝く夜の東京・銀座にシュプレヒコールが起こる。

海を汚すな！　漁業を守れ！　汚染水流すな！　子どもを守れ！

日比谷公園から東電ホールディングスの本社前を過ぎ、外堀通りを直進してJR東京駅の近くまで。デモの主催団体の一つ、「これ以上海を汚すな！市民会議」（これ海）によると参加者は約500人。先頭で横断幕を握るのは福島からやってきた4人だった。これ海の共同代表を務める佐藤和良氏と織田千代氏。小名浜機船底曳網漁協の柳内孝之氏。もう一人はいわき市内にある「たらちねクリニック」院長の藤田操氏だ。原発事故で環境中に放出された放射性ヨウ素は甲状腺がんを引き起こす。特に子どもの発病が心配だ。たらちねクリニックは甲状腺の病気の不安に向き合う子どもたちへの検診活動を続けてきた。藤田氏はこう話した。

甲状腺検査はベッドに横になった状態で行います。小さな女の子がベッドに横になりながらこう言ったのをどうしても忘れられません。「私は外遊びしてないからね」。私たち大人は、なんというものを作ってしまい、なんという事故を起こしてしまったのでしょうか。そういう中で少しずつ日常を取り戻していこうとしている時に、汚染水を海に流すという計画が出てきました。言っていることは「海水で薄めれば大丈夫」とか、「ほかの原発でも流している」とか。そんなこと、とてもとても恥ずかしくて、子どもたちには話せません。放射性物質は生命の源である細胞を破壊するものです。そういったものを環境中に放出することは許すことができません。

先頭の4人だけでなく、後続の列の中にも福島からやってきた人が多数いた。参加者たちがかかげる旗やプラカードにはこう書いてあった。

〈声を聞いて〉〈勝手に決めるな〉

原発事故後に福島から京都へ避難した若者が歩いていた。この若者はこう話していた。

私は福島県民健康調査の対象になっています。つまり放射能災害の時、私は未成年者でした。小さい頃、両親に連れられて、ふるさとの海に海水浴に行ったことをよく思い出します。日本は福島での放射能災害で、世界に膨大な量の放射能をばらまいてしまいました。これ以上自主的に、しかも母なる海に、放射能をばらまくことは絶対に許されないと思います。地球の恥だと思います。海で

【おわりに】

生き、ふるさとの海に思い出をもって、海を愛する人はたくさんいます。きれいな海を残していくためにも、私よりも年下の子どもたちが海と共に生きていけるよう、今生きる一人として、汚染水を海に流すことを拒否します。

シュプレヒコールは続く。

原発いらない！　未来を守れ！

◇　◇

内堀雅雄氏の2代前に福島県知事を務めた佐藤栄佐久氏は、東電の度重なるトラブル隠しに怒って福島県で予定されていたプルサーマル計画をストップさせた。政府の原子力政策の進め方について、佐藤氏は「まるでブルドーザーのようだ」と話していた。汚染水問題をめぐっても、政府はまさしくブルドーザーのように、強引にプロパガンダを推し進めている。合意の捏造を打ち破るために市民側ができることは何か。4点ほどあると筆者は考えている。

【声を上げる】

かなり疲れるし、大変だと思うが、声を上げるしかない。ただし、「声を上げる」やり方はたくさんあることを書き添えておきたい。率先して街頭を練り歩くのはすばらしい表現方法だと思うが、そのデモを路上から応援するのも同じくらい大事なことだ。身のまわりの人に「政府のやり方は強引だよね」と茶飲み話をするのもいい。大きな流れに易々と身を委ねまいとする行為はすべて「声を上げる」行為である。

【だまされない】

安全、安全というけれど、やっぱりそこには裏がある。テレビＣＭとか新聞広告が入ったら、そこに書いてあることと同じくらい、書かれていないことや目立たぬよう小さく書いてあることに神経を注ぐべきだ。たとえば東電は新聞に折り込みチラシを入れている。２０２３年６月４日発行のそれには大きな字でこう書いてある。

トリチウムが出す放射線のエネルギーは非常に弱いです　体内に入ったトリチウムを含む水は、10日程度で半分が体外に排出され、体内の有機物水素原子と置き換わったトリチウム（有機結合型）についても、多くは40日程度で排出されます。

これだけ読めば「大丈夫そうだ」と思ってしまうが、この文の下には※印があり、小さな字でこう書いてあった。

一部は排出されるまで1年程度かかります。

必ずしも10~40日程度で体外に出ていくとはかぎらないのだ。こんな感じでプロパガンダの発信者は相手をだまそうとしてくる。細かくチェックする必要がある。

【言葉を取り戻す】

本書ではテレビCMなどによる「刷り込み」について詳しく書いてきたが、もう一つ注意すべきものとして「言葉狩り」がある。海洋放出の方針を決めた2021年4月13日以降、政府は「ALPS処理水」という呼び名への縛りを強めている。

規制基準値を超える放射性物質を含む水、あるいは汚染水を環境中に放出するとの誤解が一部にあります。そうした誤解に基づく風評被害を防止するため、今後は、「トリチウム以外の核種について、環境放出の際の規制基準を満たす水」のみを「ALPS処理水」と呼称することとします。

2021年4月13日付経済産業省プレスリリース

【おわりに】

当然ながら政府が何と名づけようが、私たちは「汚染水」と呼ぶ権利がある。原発にたまる水のことを、ある人は「ALPSで処理し、十分に安全基準を満たす水」と思うかもしれないが、同じものを「トリチウムだけでなく炭素14などの放射性物質も除去できずに残っているし、海水で薄めたとしても数十年かけて放出総量が増えれば海の生態系に影響を与えるかもしれない水」と捉える人もいる。後者の見方からすれば、ALPSで処理したとしても「汚染水」は「汚染水」のままだ。

しかし、こうした政府発表をきっかけに「海洋放出で『風評被害』が起こるのは反政権的なメディア・人間が『汚染水』と呼ぶからだ」などと言う人が増えた。多くのマスメディアも政府の定義通りに「ALPS処理水」と言うようになってきていて、なんとなく「汚染水」と呼ぶのが「悪いこと」であるかのような雰囲気ができてしまっている。こういうのは一種の言葉狩りではないのか。

海洋放出に強く反対している国々は「ALPS処理水」という言葉を使っていない。2023年1〜2月に行われた国連の会合でも、一部の国が海洋放出への反対意見を述べた。その時に各国がどう呼んだかを紹介する。

・中国＝nuclear-contaminated water（核汚染水）
・マーシャル諸島＝ radioactive wastewater（放射性廃水）
・フィジー＝ radioactive wastewater（放射性廃水）
・東ティモール＝ nuclear waste water（核廃水）
・サモア＝ radioactive wastewater（放射性廃水）

・バヌアツ＝nuclear-contaminated wastewater （核汚染廃水）

これらの呼び名のほうが素直な気がする。そもそも日本で「アルプス」と言ったらスイスのアルプス地方、もしくは飛騨山脈などの日本アルプスだろう。某飲料大手が売り出す「南アルプスの天然水」はミネラルウォーターのロングヒット商品である。ひとびとはなんとなく「アルプス＝清涼」というイメージを持っている。福島第一原発で汚染水の処理に使われている設備の日本名は「多核種除去設備」だ。それを「Advanced Liquid Processing System」と英語にし、その頭文字をとってＡＬＰＳとしている。でも、日本名の「多核種」に当たる部分がＡＬＰＳにはない。無理やりな名付け方ではないか。「アルプス＝清涼」というイメージに乗っかりたくてこういう名前にした。筆者はそのように思っている。

「汚染水」という言葉を狩り、逆に「ＡＬＰＳ処理水」という言葉を広めようとしているところに、すでに「合意の捏造」が始まっていた。特定の言葉を頻繁に使ってイメージを植えつけていく「言葉による刷り込み」をめぐっては、やはりもう一つ触れておかなければならない。それが「風評」という言葉である。

風評＝世間の評判。うわさ。とりざた。風説。

広辞苑に載っているのはこういう定義だけだが、原発問題で政府が使う場合は、「根も葉もない、非

【おわりに】

科学的な」というニュアンスを明確に持たせている。先ほど書いたように、政府は「ALPS処理水」という言葉を使う目的を、〈誤解に基づく「風評」被害を防止するため〉としていた。また、18ページを思い出してほしい。西村経産相はビデオメッセージで「『風評』を起こさないためにも、科学的な情報を発信していきます」と話していた。「『風評』=誤解、非科学的」というイメージを刷り込もうとしているのは明らかだ。

しかし、「海洋放出しても大丈夫なの?」と不安に思うのは真っ当だ。放射線被ばくは「これ以下なら安全」と言えるライン(=しきい値)がない。東電が示している「海にトリチウムがどう広がるか」などの評価はすべてシミュレーションである。実際には想定外のことが起こり、海の特定のエリアで放射性物質の濃度が高まり、そのあたりに生息する海藻や魚が汚染されるということが絶対ないと言い切れるのか。極端に言えばそうした汚染が食物連鎖によって食卓にのぼる魚にまで至るかもしれないし、仮にそこまではいかなかったとしても、海の一部が汚染されるのは常識的に考えて嫌ではないか。

そもそも日本政府だったりIAEA(国際原子力機関)だったりが「安全だ」と言っても今一つ信用できないのだ。政府もIAEAも原発を推進してきた。そして福島第一原発の事故を止められなかった。彼らにとって想定外のことが起きたからだ。汚染水問題で同じような想定外が起こらないと信じることはできるのか。

「風評被害」とは何か。そういう言葉で名指されている主なものは営業損害だ。だが、政府はあえて「風評被害」と呼ぶ。なぜそうするのか。そっちのほうが好都合だからだ。「風評被害」と言えば、「非科学的な情報を垂れ流す反政府系メディア」やそうしたメディアからの情報を信じる「無知で小うるさい邪魔者」に責任をなすりつけることができる。原発事故がなければ営業損害はなかった。営業損害の責任をとるべきは、原発事故を引き起こした政府と東電だ。

権力をもつ側は言葉をコントロールすることによって合意を捏造しようとする。私たちは言葉を失わないように常に心掛ける必要がある。

【議論を求める】

本当の「合意」に近づくためには話し合うしかない。本書の第7章では政府・東電に対して粘り強く話し合いを求める市民たちを紹介した。海洋放出は始まってしまったが、こうした話し合いの流れを断ち切らないでほしい。政府は以下の点を厳守すべきだ。

・話し合いを拒まないこと
これが大前提だ。市民が求める限り政府は話し合いに応じるべきである。岸田首相や西村経産相は「丁寧に説明する」とくり返し言っていた。その約束はこれからもずっと守らなければいけない。

・結論は「変わり得る」という前提に立つこと
海洋放出は始まってしまった。すでに海へ捨ててしまった分は残念ながら回収しようがない。しかし、汚染水をためたすべてのタンクが空になるまでには30年から40年かかると言われている。早めに止めれば、投棄する放射性物質の量は減らすことができる。政府は「結論は変わり得る」という認識に立て。そうしないと、すべての話し合いがただの「ガス抜き」に終わってしまう。

・異論がある者を対等に扱うこと

第4章に書いたが、政府は自分たちの方針に異論を唱える人たちを避けている。もったいないことだ。政策というものは本来、異論がある者との議論によって磨かれるのではないか。

「原発は民主主義のない地域を狙ってくる」

第1章に書いた通り、全国各地の原発は安全プロパガンダによって合意を捏造され、建設された。しかし、そうした捏造を打ち破った地域もある。たとえば石川県の珠洲市だ。1970年代に、関西電力・中部電力・北陸電力の合同による原発建設プロジェクトが持ち上がった。住民たちは反対運動を起こし、約30年かけて電力会社に計画を断念させた。反対運動のキーパーソンの一人、北野進さんに話を聞いたことがある。

当時、珠洲でも大変なプロパガンダが行われていました。あご足つきの視察旅行がくり返され、さらに原発の安全性を訴えるチラシが毎週のように新聞折込みで全世帯に入ってきました。市内では

「反対する者は珠洲の人間じゃない」と話す者までいました。

珠洲でもブルドーザーのようなプロパガンダがあったようだ。しかし住民たちはそれをはね返した。ターニングポイントの一つは1989年の市長選だったと北野さんはいう。

前年に関電が高屋地区で立地可能性調査を始めると言い出しました。そこで翌年の市長選に私が立候補しました。告示の直前にもう1人原発反対を言って立候補した人もいました。結果的には推進派の現職が当選したのですが、私ともう1人の原発反対派の得票を合計すると、なんと当選した市長の票を440票上回ったんです。これは大きかったです。市長選の前まで、地元は「原発反対なんて言っているのはごく一部の住民だ」という雰囲気でした。でも、ふたを開けてみたら「反対」の人が半分以上いたんです。それまでは内心「原発反対」と思っていても、なかなか声を上げづらかったわけです。でも、実は半分以上の人が自分と同じ思いだったということになると、やっぱり元気が出ますよね。

市長選の結果に力を得た住民たちはその後も反対運動を続けた。住民たちの勢いが衰えなかったのは、運動の過程で一人ひとりが民主主義の大切さに気づいていったからだと、北野さんは話す。

運動の合い間、時間があるのでみんなで話をします。政治の話になることもありました。他の地域と同じように、珠洲市内にはいわゆる地域代表的な市議会議員がいました。「そういえばあの人は原発についてどう考えているんだ」と話題になり、次に会う時までに調べてきた人が「あの議員は市議選で原発賛成の公約を書いていたぞ」とみんなに話して……。それまではみんな、公約など読まずに名前だけ書いていたわけです。そういうことを反省して、「ちゃんと公約を確認してから投票しなきゃ駄目だよね」という話になりました。民主主義の基本中の基本ですけど、1票の大切さみたいなのを皆さんが実感していったプロセスでした。座り込みをしながらの雑談でそんな話になったんです。誰かが教えを授けたとか、そういうことでは全くありません。日々の阻止行動の合い間で自然にそういう流れになっていきました。自然と民主主義が鍛えられていったのだと思います。

【おわりに】

市長選に敗れた北野さんはその後県議会議員に当選し、運動を続けた。珠洲市議会にも原発反対の議員が多く生まれた。民主主義を鍛えた珠洲市の住民は、ついに原発を建てさせなかった。建設計画の発覚から半世紀近くがたった2024年元旦、能登半島で大地震が起きた。震源地はまさに、原発の立地を予定した高屋地区から至近の場所だった。ここに原発が立たなくて本当によかった。合意の捏造を打ち破った珠洲の人びとに敬意を表したい。北野さんの言葉をもう一つ紹介する。

原発は民主主義のない地域を狙ってくる。民主的手続きを経て建てられた原発など全国で一基も存在しない。

「合意」は民主主義の基本である

ここで一冊の本を紹介する。

題名は『あたらしい憲法のはなし』。日本国憲法が公布されてから間もない1947年8月、文部省によって発行され、当時の中学1年生が教科書として使ったものだという。筆者の手元にあるのは日本平和委員会が1972年から発行している手帳サイズのものだ。この本の「民主主義とは」という章にこう書いてあった。

こんどの憲法の根本となっている考えの第一は民主主義です。ところで民主主義とは、いったいどういうことでしょう。（中略）みなさんがおおぜいあつまって、いっしょに何かするときのことを考えてごらんなさい。だれの意見で物事をきめますか。もしもみんなの意見が同じなら、もんだいはありません。もし意見が分かれたときは、どうしますか。（中略）ひとりの意見が、正しくすぐれていて、おおぜいの意見がまちがっておとっていることもあります。しかし、そのはんたいのことがもっと多いでしょう。そこで、まずみんなが十分にじぶんの考えをはなしあったあとで、おおぜいの意見で物事をきめてゆくのが、いちばんまちがいないということになります。

終戦直後の官僚たちはいいことを書いてるなあと思った。〈まずみんなが十分にじぶんの考えをはなしあったあとで〉、物事をきめるのがベスト。その通りだ。民主主義は「話し合い」↓「合意」↓「物事を進める」が基本のステップである。このステップを無視し、誰かが勝手に「物事を進める」ことを専制、独裁と呼ぶ。汚染水の処分をめぐる政策決定プロセスは、形の上では民主主義の基本ステップを踏んでいるように見える。しかし実は、ステップの中核をなす「合意」はでっち上げられたものにすぎない。これでは困る。

本書で具体的に紹介した海洋放出プロパガンダは、テレビCM、出前食育（最終的には親子料理教室）、高校への出張授業の三つだ。この3事業を選んで取材したのは公開資料を見る限りこれらが一番「気持ち悪い」と思ったからだ。テレビを使って「海洋放出は安全」というイメージを刷り込み、教育現場で子どもたちに「海洋放出はいいこと」と教え込む。こういうやり方には危機感を抱く。水産物PRは要するに、金の力で漁業者たちを納得させるということだ。これ自体も腹は立つが、気持ちが悪いのは断然、「刷り込み」「教え込み」のほうだ。札束で頬をたたくよりも比較的安価に不特定多数の人びとを操ることができる。

国家的プロパガンダは原子力以外の分野でも行われている。筆者の記憶に新しいのはマイナンバーカードの話だ。

【おわりに】

そろそろ、あなたもマイナンバーカード

マイナンバーカード取得を促す総務省のテレビＣＭにはこんなキャッチコピーが使われていた。黒柳徹子、田中みな実、佐々木蔵之介。柔道オリンピック金メダリストの大野将平、元プロ野球選手の松坂大輔や新庄剛志……。人気俳優、タレント、アスリートを惜しげもなく起用した。もちろんテレビＣＭだけでなく新聞やウェブの広告にも登場。汚染水の海洋放出をもしのぐ勢いのプロパガンダだった。

国民の一定数はマイナンバーを使って行政手続きが少し早くなることよりも、むしろ誤手続きなどデメリットのほうが嫌だと感じていた。そこに無理やり「合意」をでっち上げるために、強引なプロパガンダが必要とされた。海洋放出の時と同じパターンだ。総務省からこの事業を請け負ったのは、今回も、広告代理店最大手の電通だった。

マイナンバー構想は結局、まだ本格スタートに至っていない段階から不具合が相次いだ。政府のプロパガンダよりも国民の直感のほうに軍配が上がったかたちだ。海洋放出についても同じ状況が起こらないか心配である。

筆者はこういったやり方の先に「戦争」の姿を見ざるを得ない。岸田文雄政権はＧＤＰ比で１％の水準が続いていた軍事費を２％に増やしていくと決めた。具体的には２０２３年度から5年間の軍事費を43兆円程度（その前5年間の１・６倍）に増やすという。こんな大事なことをろくに話し合わずにさっさと決めてしまって、今はその財源を税金から出すのか、歳出削減や税外収入から出すのかでもめている。増税せずに国債を発行すればいいという戦前回帰のようなことを言い出す政治家が優勢だから恐ろ

【おわりに】

しい。（ちなみに日本政府は「防衛費」という言葉を使うが、ミサイルなどを買っているのだからどう考えてもこれは「軍事費」だ。「防衛費」と言え、というのも言葉狩りの一つ。抗うしかない）

日本はどんどん「戦争する国」になろうとしている。少なくともそうなることを望んでいる政治家は多数いる。あとは国民の意識だということになる。さすがにアンケート調査をすれば「戦争は嫌だ」という人が圧倒的だろう。そこからどうやって、「戦争は避けられない」という風に意識を変えさせるか。そこで方法として登場すると予想されるのが、またしてもプロパガンダである。国民の勇気を鼓舞するようなCMが流れて、「大義」などというキーワードが出てきて、政治家が「ショー・ザ・フラッグ！」とか「ブーツ・オン・ザ・グラウンド！」とか言い出して……。最悪の未来予想図である。

戦争が廊下の奥に立ってゐた　渡辺白泉

私たちは常に、プロパガンダによる「合意の捏造」を警戒しなければいけない。もし仮に、「海洋放出は仕方ないんじゃないか」と思う人がいたとしても、政府によるこうした物事の進め方にはノーと言わなければならないと筆者は考える。

【初出一覧】

◆第１章：『政経東北』（２０２３年２月号）
◆第２章：『政経東北』（２０２３年３月号）
◆第３章：『政経東北』（２０２３年４月号）
◆第５章：『政経東北』（２０２２年８月号、９月号、創刊50周年記念増刊号）
『週刊金曜日』（２０２２年９月16日号、２０２３年12月８日号）
◆第６章：『政経東北』（２０２３年７月号）
◆第７章：『政経東北』（２０２３年８月号）
『週刊金曜日』（２０２２年７）22日号）
◆第８章：『政経東北』（２０２３年９月号、11月号、24年１月号）
※このほか、ウェブサイト「ウネリウネラ」にて関連記事を公開

【参考文献】

◆新聞・テレビ・インターネットメディアなどの各種記事
◆政府・東京電力・ＩＡＥＡなどのウェブサイト情報や各種パンフレット等
◆原子力市民委員会のウェブサイト（https://www.ccnejapan.com）
◆ＦＯＥジャパンのウェブサイト（https://foejapan.org）
◆エドワード・バーネイズ著、中田安彦訳『プロパガンダ教本』成甲書房

◆ノーム・チョムスキー著、本橋哲也訳『メディアとプロパガンダ』青土社
◆本間龍著『原発広告』亜紀書房
◆本間龍、南部義典著『広告が憲法を殺す日　国民投票とプロパガンダCM』集英社
◆信州発産直泥つきマガジン『たぁくらたぁ』
◆渡辺悦司、遠藤順子、山田耕作著『汚染水海洋放出の争点』緑風出版
◆西尾正道著『被曝インフォデミック』寿郎社
◆中嶌哲演＋土井淑平編『大飯原発再稼働と脱原発列島』批評社
◆文部省『あたらしい憲法のはなし』日本平和委員会

【謝辞】

２０２３年７月11日に発行した同名のブックレットに大幅加筆し、本書を完成させました。ウェブサイト「ウネリウネラ」の読者の方々、取材や日常生活の中でお目にかかった多くの方々の励ましの声に支えられて、この本を作ることができました。感謝いたします。

これまで同様、本のレイアウトやブックデザインなどはすべて竹田麻衣が引き受けてくれました。日々の暮らしに意味を与えてくれる子どもたち３人にも感謝の意を伝えたいと思います。

２０２４年２月　牧内昇平

牧内 昇平（Shohei Makiuchi）

1981 年 3 月 13 日、東京都生まれ。
ライター。元朝日新聞記者。2006 年東京大学教育学部卒業。同年に朝日新聞に入社。福島、埼玉の支局勤務の後、主に経済部記者として電機・IT 業界、財務省の担当を経て、労働問題の取材チームに加わる。2020 年 6 月末に同社を退社。主な取材分野は、原発問題、過労・パワハラ・働く者のメンタルヘルス（心の健康）など。
2020 年 3 月より福島県福島市に居住。パートナーの竹田麻衣と物書きユニット「ウネリウネラ」（https://uneriunera.com）を結成し、取材活動を続けている。

Manufacturing Consent
原発事故汚染水をめぐる「合意の捏造」

2024 年 3 月 11 日 初版第 1 刷発行

著者　牧内 昇平
発行者　竹田 麻衣
発行所　ウネリウネラ
〒 960-8074 福島県福島市西中央 5-33-2-301
https://books.uneriunera.com/　uneriunera@gmail.com

〈装丁・本文 DTP〉 竹田麻衣
〈印刷・製本〉 有限会社 吾妻印刷

ISBN 978-4-9911746-2-9　C0036